德州学院学术著作出版基金资助

服装
流行与审美变迁

穆慧玲◎著

中国社会科学出版社

图书在版编目（CIP）数据

服装流行与审美变迁／穆慧玲著 . —北京：中国社会科学出版社，2018.10
ISBN 978 - 7 - 5203 - 3065 - 7

Ⅰ.①服…　Ⅱ.①穆…　Ⅲ.①民族服饰—服饰文化—研究—中国
Ⅳ.①TS941.742.8

中国版本图书馆 CIP 数据核字（2018）第 201269 号

出 版 人	赵剑英
责任编辑	耿晓明
责任校对	李　莉
责任印制	李寡寡

出　　　版	中国社会科学出版社
社　　　址	北京鼓楼西大街甲 158 号
邮　　　编	100720
网　　　址	http://www.csspw.cn
发 行 部	010 - 84083685
门 市 部	010 - 84029450
经　　　销	新华书店及其他书店

印　　　刷	北京明恒达印务有限公司
装　　　订	廊坊市广阳区广增装订厂
版　　　次	2018 年 10 月第 1 版
印　　　次	2018 年 10 月第 1 次印刷

开　　　本	710×1000　1/16
印　　　张	13.75
字　　　数	260 千字
定　　　价	54.00 元

彩图 1　曲裾深衣

彩图 2　战国中后期的胡人武士像

彩图 3 裤褶示意图

彩图4　裲裆

彩图5　初唐壁画人物的襦裙

彩图6　襦裙示意图

彩图7　唐三彩俑（穿半臂、窄袖襦，配高腰长裙）

彩图 8　袒胸裙衫与帔帛

彩图 9　女着回鹘装

彩图 10　唐代舞姬的服装

彩图 11　唐代云头锦履

彩图 12　宋仁宗皇后像

彩图 13　《瑶台步月图》中穿背子的女子

彩图 14　穿襦裙、佩帔帛、缀玉环绶的女子

彩图 15　宋代开裆裤(福建福州黄昇墓出土实物)

彩图 16　缠足的女子

彩图 17　戴瓦楞帽、穿辫线袄子的陶俑

彩图18　戴瓦楞帽的男子

彩图19　戴姑姑冠的皇后

彩图 20　明代皇帝常服像

彩图 21　头戴乌纱帽、穿盘领补服的明朝官吏

彩图 22　明代水田衣

彩图 23　明代百子衣上的吉祥图案

彩图 24　清嘉庆皇帝朝服像

彩图 25　清康熙皇帝冬朝服

彩图 26　清代官员的补服

彩图 27　琵琶襟马褂

彩图 28　清代贞妃常服像

彩图 29　清慈禧太后着色照片（穿氅衣，外套如意云头领对襟坎肩）

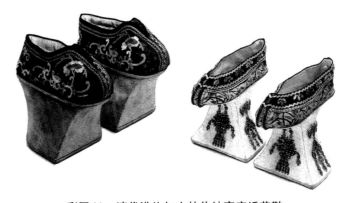

彩图 30　清代满族妇女的传统高底绣花鞋

彩图 31　绒地绣花对襟大袖袄（传世实物）

彩图 32　云肩（传世实物）

彩图 33　清代紫缎褶裥马面裙

彩图 34　孙中山与中山装

彩图 35　20 世纪 20 年代中期的旗袍样式

彩图36　短袄、套裙

前　言

　　服装是人的"第二皮肤"，也是社会的晴雨表，服饰的流行演变直接反映着社会的政治变革、经济变化和风尚变迁。本书结合古今中外的服饰流行现象对服装流行的产生与发展变化、服装流行的基本规律、服装流行的传播方式等内容进行了详细的论述，并结合当代社会的发展特征，通过探讨人们审美意识的流变，对服装流行趋势的追逐心理，论证了服饰流行与审美变迁的关系，这对发展壮大我国服饰理论研究具有一定的参考意义。另外，为了便于读者阅读欣赏，本书借助精美的图片资料来辅助阐述，力求言简意赅，图文并茂。

　　在流行风尚瞬息万变的现代社会，服装流行的话语权掌握在消费者手中，因此，服装设计师不能凭空标新立异，只有在充分研究服饰流行与审美的基础上，才能设计出迎合大众审美心理的服装，进而引导服装流行。本书通过对服饰流行与审美变迁的研究，为服装设计师提供认知服饰流行与审美的理论参考，以期提升我国服装设计人员的理论水平和综合竞争力。服饰流行与审美变迁的讯息浩如烟海，很难在一本书中展现全貌，加之编者学识有限，书中疏漏、欠妥之处在所难免，尚祈读者指正。

作者
2018 年 5 月

目　　录

第一篇

服装流行的基础理论

第一章

服装流行趋势的产生与发展

20 世纪 50 年代，在欧美国家，随着工业化的普及，服装流行越来越深切地与经济、社会结合在一起。商家发现，充分利用流行趋势，就能有更多的盈利，于是陆续出现了国际性的衣料博览会，流行研究机构（如国际时装与纺织品流行色委员会，简称国际流行色协会，它至今仍是全球最具权威的流行色发布机构），著名服装设计师的作品也被当作流行资料来研究。总体来说，在短短 70 年内，服装流行已逐渐发展为一门学问、一个行业。

第一节　服装流行的产生

流行是指某一事物在某一时期、某一地区为广大群众所接受、所喜爱，并带有倾向性的一种社会现象。

服装流行是在一种特定的环境与背景条件下产生的、多数人钟爱某类服装的一种社会现象，它是物质文明发展的必然，是时代的象征。服装流行是一种客观存在的社会文化现象，它的出现是人类爱美、求新心理的一种外在表现形式。服装流行研究是一门实用性很强的应用科学，它研究的是流行的特点和流行的条件、流行的过程、流行的周期性规律等，是探讨人类服饰文化的精神内容，包括与其相适应的主观因素和客观条件及其相互关系问题[①]。服装流行是从服装信

① 李正：《服装学概论》，中国纺织出版社 2007 年版，第 60 页。

息传达与交流中产生的。现代世界，物质文明高度发达，科技成果日新月异，交通日益发达，世界在无形中变得"越来越小"，人们的距离越来越近。借助日益加速的交通与通信工具，如飞机、高铁、网络、通信卫星、电影、电视等，整个地球上的人类的联系日益密切。所以，只要先进国家有了某种新的发现，其他国家和地区紧随着也会加以效仿和研究。正是在国与国或地区与地区之间的思想文化相互交流的条件下，服装形成了一个国际共同的形式，这也就是国际服装流行的产生。

我们的社会正处在工业化高度发展的时期，在服装方面，人们在经济实惠、节省时间的原则之下，很愿意穿着机械化生产的成衣，于是，在服装的高度工业化大批量生产中，在人们的好奇与效仿、从众心理及信息传达等综合因素影响下，就形成了服装的流行。现代服装已不按过去的阶级地位分类，而进入了满足大众化消费需求的大批量生产时代，服装流行的话语权掌握在消费者手中，因此，服装设计师不能凭空标新立异，只有在充分研究服装流行趋势的基础上，才能设计出迎合大众心理的服装，这样也可以引导服装流行。

第二节　现代服装流行趋势的发展

18世纪中后期，发生于英国的第一次工业革命为服装面料的发展提供科技动力。这场革命风暴始于1733年发明的飞梭，以机械化生产和纺织工业为特征。18世纪初期，虽然传统手工业和商业的作用不容忽视，但经济结构的主体是农业，经济活动的主角是农民。18世纪中后期，蒸汽机的出现，推动了工业革命，成为世界经济现代化的起点，现代工业经济逐步取得主导地位。18世纪末期，工业革命继续向欧美大陆扩展，美国的纺织业有了新的进步，为成衣的发展和时尚的普及奠定了基础。18世纪后期中产阶级的增长使时尚范围扩大。18世纪后期，工业革命推动了欧美的经济发展，引起了社会结构的变化，中产阶级成为社会的中坚力量，特别是第二次工业革命以后，中产阶级有更多的钱花费在奢侈品上，包括更好的衣服，其消费能力的不断增强引起新的时尚潮流，时尚变成身份的象征。第二次工业革命促使服装的批量生产。19 世纪初，工业革命开始向欧洲和欧洲的殖民地扩散，19 世纪下半叶，德国和美国成为第二次工业革命的中心。电气化和化学工业成为主角，机械进入商业化实用阶段。第二次工业革命，大大加速了世界经济现代化的进程，是世界经济现代化的快速发展时期，对世界经济的直接影响开始呈现。对纺织行业最大的促进便是缝纫机的发明，它的使用促使了真正意义上的现代流行的产生。工业革命还促使了工作服的产生以及女性分类服装的产生，从而出现了服装批量生产，而服装的批量生产导致每个人都可进入流行时尚的潮流①。

第一阶段，由服装设计师引领流行的时代（1858—1940）。

1858 年，英国人查尔斯·夫莱戴里克·沃斯在巴黎开设了以包括中产阶级在内的上流社会的贵夫人为对象的高级时装店，从此在时装界竖起了一面指导流行的大旗，带动和促进了法国纺织业的发展。19 世纪末到 20 世纪上半叶，巴黎时装界人才济济，历史进入一个由设计师创造流行的新时代。在这个时代，法国设计师在流行浪潮里始终处于中流砥柱的位置，他们将服装原来漫长的演化过程转变成一种革命性的举动。同时，科技的进步从不同层面改变了人类自古以来构筑的生活模式和价值观，为 20 世纪新的生活方式的到来进行了各种物质和精神准备。对应着社会形态的变革，服装样式也处于向现代社会转变的时期。20 世纪的头十年是解放的年代，保罗·普瓦雷废除紧身衣、美国的吉卜赛女孩风格的出现、运动装的广泛流行等，都反映了女性服饰的极大改变。20 世纪 20 年代是一个革新的年代，摆脱战前的旧观念是巴黎高级服装设计师的新目标，是现代功能性服装的开始。自由恋爱、有学问、有职业是战后新女性的理想形象，正如小说描写的那样，寻求适宜运动的服装，短发、齐眉的钟形女帽、高腰宽松及膝的套装成为新的流行趋势。在巴黎的高级服装店中，像可可·夏奈尔、玛德琳·维奥内等设计师成为引导服装流行趋势的先驱。20 世纪 30 年代是一个充满变动的年代，从世界性的经济崩溃到 20 世纪 40 年代末，法西斯主义的肆虐和无情的经济大萧条使这个年

---

① 吴晓菁：《服装流行趋势调查与预测》，中国纺织出版社 2009 年版，第 8—10 页。

代的人们心力交瘁。这种颓废也出现在时装的流行取向上。人们不再喜欢 20 世纪 20 年代那种缺乏女性味道的中性打扮,转而回头追求更具女人气质的穿着。人们在这种复兴风潮中,满足了对物质的享受和追求,也奠定了这十年的时尚基础。好莱坞的兴盛,对 20 世纪 30 年代服装的流行产生重要的影响。电影明星的穿着打扮成为人们竞相模仿的对象,使得大量的设计师也投入到电影服装造型设计中,美丽的服装通过这些动人的女性呈现出来,造成强大的感染力。30 年代也是服装新材料开发崭露头角的时代。例如,拉链被应用到长筒靴和内衣上,1938 年英国服装所使用的人造丝占服装材料的 10% 左右。这个时期具有时代特征的设计师当属埃尔莎·夏帕瑞丽。随着第二次世界大战的到来,30 年代的奢华风随之消失,取而代之的是简单实用的风格;40 年代,服装的款式变得保守起来,有时甚至很难区分男女服装[①]。

第二阶段,成衣业的发展与流行的大众化(1950—1970)。

第二次世界大战后,法国时装再次活跃起来。1947 年的巴黎时装发布会上,克里斯汀·迪奥发表了"新风貌"(new look),并由此奠定了 20 世纪 50 年代以后世界时装的流行方向。这时,法国高级时装迎来了第二次鼎盛时期,巴黎高级时装店引导着世界服装发展趋势的同时,世界各地的年轻一代也对服装表现出了极大的热情。进入 60 年代,电影、音乐和社会的变革对年轻一代开始产生影响,大众消费社会以不可逆转的姿态到来。服装业发生了巨大的变化,年轻人对生活提出了自己的要求和主张,对传统文化不满、向传统习俗和传统审美提出挑战;40 年代从美国开始的成衣业随着时尚人群的变化开始快速发展;服装设计开始与街头的流行文化接轨。随着自主化的呼声越来越高,出现了一大批能顺应时代要求的年轻设计师。"他们为街头女性设计她们所希望的新服饰,而不再为特定的妇女设计服装……他们和披头士一样来自大众,但装扮特殊,通常他们的穿着打扮、生活方式以及创作风格都是反体制的。"其中具有代表性的设计师当属玛丽·匡特,其设计的"迷你裙"具有前卫性与挑战性,"迷

---

①　吴晓菁:《服装流行趋势调查与预测》,中国纺织出版社 2009 年版,第 11—13 页。

你"的意义不仅是一种新款式、新时尚，更是对一种旧观念的动摇与革新。高级时装在1968年的"五月革命"后逐渐退出时尚主流舞台，成为艺术的象征，取而代之的是高级成衣的蓬勃发展。70年代，复杂的社会形势，使女性更关注现实。人们对以前或优雅奢华、或有激情梦想的时装形象的热恋和美丽俊俏的模特们一起消失了。在独立面对工作、社会多年后，女性更喜爱被恭维为：有主见、独立而务实。牛仔裤在时尚之都巴黎被隆重推出，势不可当。数千年来遗留在服饰中的阶级、性别、国籍、年代、意识形态、文化背景等，一切都被牛仔裤冲淡了，到80年代，牛仔裤则演变成国际范围的日常服装。人们对牛仔裤的普遍认同，是自法国大革命以来追求无差别服装的一个成果。至此，服装真正进入大众化时代。

第三阶段，服装流行的多元化（1980—1990）。

进入20世纪80年代，全球经济高速发展，时装贸易成为许多国家和地区的经济增长点。无论是奢华昂贵的高级时装，还是针对大众消费者的成衣，都出现极大的需求。女性更广泛地加入社会的各种角色中，服装在款式、材料、品牌等方面越发多元化，成衣业得到空前发展。80年代，随着高田贤三、三宅一生等日本设计师被国际时尚界关注并引起轰动，服装界出现了新的动向。在意识形态的变化及东西方不同思维的碰撞下，服装风格日益多元化。受环保概念的影响，服装越来越宽松；朋克文化成为一种服装风格并渗透到高级时装中。80年代早期，流行服装打破了男女衣着、发型、化妆的界限，80年代中后期，带肩垫的西装流行范围很广，但进入90年代后很快销声匿迹。90年代，解构主义、后现代风格大行其道，服装的设计思维不仅体现在款式结构上，而且体现在制作工艺上。设计师们向传统发起挑战，一切似乎都是反其道而行之。90年代后期，人们强调追求独创的个性服装，街头服装盛行。同时，人们也开始关心生态与健康，青睐面料的环保性与舒适性。90年代末，各大顶级品牌开始形成新的格局，高级时装业开始新的发展与繁荣①。

第四阶段，服饰流行渐趋无风格化（2000—　）。

---

① 吴晓菁：《服装流行趋势调查与预测》，中国纺织出版社2009年版，第14—23页。

  21世纪是一个瞬息万变的快节奏时代，其特征为：网络文化、快餐文化和消费文化。现代社会是一个物质过剩、信息传媒发达以及快节奏的社会。快节奏、高效率生活方式使人们不再有时间、有耐心去看鸿篇巨制，听古典交响乐，而是更喜欢网络、麦当劳、卡拉OK等能快速吸收与快速忘记的东西。同时，由于物质的极大丰富使人们置身于一个消费社会，所有的设计都是为了刺激消费而设计的，整个社会都在围绕着消费而运转。消费社会使服装流行变得不可能长久，消费者审美趣味的多样化很大程度上影响，甚至决定着设计。信息技术的突飞猛进使世界各种文化之间的距离和界限在逐渐淡化；传播媒介使流行时尚一日千里，今日巴黎刚流行的款式，明日就可能在东京的街头出现，因此款式的更新速度是以往任何时代所不能想象的。因此，21世纪是服装风格极端多元化的时代，也可以说是风格丢失的年代，各种时装经过糅合、搭配、装饰、复制和颠倒被赋予新的含义虽然没有清晰可辨的风格，却有着丰富多变的折中与解构。在这个强烈追求个性的时代，美没有一致的标准，美是多种多样的。因此，服装设计师都在努力强调自己设计的独一无二，与此同时，时尚的追随者也把服饰的"绝不雷同"表达得淋漓尽致。

第二章

服装流行的特征与基本规律

第一节　服装流行的特征

一　新异性

新异性是服装流行最为显著的特征。"新"表示与以往不同、与传统不同，"异"表示与他人不向、与众不同，即所谓的"标新立异"。服装的流行变化包括服装款式、色彩的变化，服装材料的更新、服装工艺的变化、服装装饰的变化、服装穿着方式的创新、服装风格的变化等因素。服装款式的流行是指服装的廓型、结构、细节等方面的外观特征的变化；服装色彩的流行不是指某种单一色彩的流行，而是由系列色彩构成某种色彩基调，从而形成某种色彩风格的流行；服装材料的更新往往是科技发展的成果，从面料的外观到面料的成分、织造结构、后处理技术、服用性能的提高等方面体现出流行的趋势。高科技的发展为服装材料的日新月异提供了无限的可能性；服装装饰的流行往往表现在服装局部的装饰变化上，新的辅料、配件的使用，以及装饰手段的创新与传统工艺相互融合，使服装呈现出万花筒般的变化莫测；服装工艺的创新是指服装的结构、加工手法、后处理技术的流行变化，是实现服装外形变化的最重要的技术要素；服装穿着方式的创新是指服装搭配的变化，相同款式的服装施以不同的搭配方法，就会呈现出不同的风格特点。例如一件西装搭配衬衫、西裤和皮鞋，呈现出稳重端庄的正装风格，而如果与 T 恤、牛仔相搭配，则呈现出活泼洒脱的休闲风格；服装风格的变化是指服装整体所呈现出来的风貌特征和气质，民族风格、复古风格、未来风格等都是服装流行趋势中永不衰竭的主题。服装流行的新异性往往表现在色彩、花纹、材料、样式等设计的变化上，从而满足人们求新求异的心理。这里的"新""异"并不是指全新的、前所未有的，而是将原有的服装进行永无止境的"翻新"设计。任何一种服装流行因素的变化，都会导致服装的新颖感，服装的各种组成部分存在着无限排列组合的可能性。

二 时效性

服装流行的第二特征是时效性，这是由服装流行的新异性决定的。一种新样式出现后，当被人们广泛接受而形成一定流行规模时，便失去了新异性。消费者对服装的审美也会随流行阶段的不同而有所改变，当一件服装具备流行特征时被认为是时尚的、美的，而进入流行衰退期时，这些流行特征反而可能成为落后、过时甚至丑陋的标志。英国艺术家和时尚专家詹姆斯·雷沃指出："超前 10 年的时尚被认为是猥亵；超前 5 年的时尚被认为是无耻；超前 1 年的时尚被认为是大胆；1 年过后的时尚被认为是邋遢；10 年过后的时尚被认为是丑陋；20 年过后的时尚被认为是滑稽；30 年过后的时尚被认为是好笑；50 年过后的时尚被认为是古怪；70 年过后的时尚被认为是妩媚；100 年过后的时尚被认为是浪漫；150 年过后的时尚被认为是美丽。"① 在流行之中，服装总是被人们追求、赞赏、推广和促进，然后在某一天变成一种过时的事物。这时，一部分人会舍弃，转而追寻新的流行趋势。有些服装流行是转瞬即逝、昙花一现的短暂，不会再被使用；而有些服装会在流行的高峰过后，其中的某些特征被沉淀下来并被加入新的流行元素，也可能被继续采用从而演变为日常服装或者经典服装，如 20 世纪 20 年代流行的黑色小礼服，60 年代流行的超短裙以及 70 年代流行的牛仔服等，至今都是服装流行中不败的经典。服装流行持续时间的长短受多种因素的影响，如样式的可接受性、满足人们

① ［英］詹姆斯·雷沃：《品位和时尚：从法国大革命至今》，伦敦：哈里伯出版社 1937 年版，第 67 页。

真实需要的程度以及与社会风尚的一致程度等。21 世纪，随着经济、科技的发展，人们的生活节奏加快，服装的流行变化越来越快，新的样式更是层出不穷，这对服装设计师、企业及商家提出了更高的要求。服装流行正进入一个快餐消费时代——即快时尚时代。快时尚时代特点是货品更新快、款式淘汰快、潮流变化快。快时尚品牌从设计、试制、生产到店面销售，平均只花 2—3 周时间，最快的只用一周（新产品从上柜到撤柜，再被新品所替代）。时装更换频率空前之快，正是服装的"快速更新"吸引了消费者的眼球。由于货品的更新速度非常快，且新款上市的数量有限，消费者如果遇到自己喜欢的商品，必须当即买下，否则就会错失时机，只能等待新的货品上柜。

三　普及性

普及性是现代服装流行的一个显著特征，也是服装流行的外部特征之一，表现为在特定环境中某一社会阶层或群体成员的追随。这种接受和追求是通过人们之间的相互模仿和感染形成的，接受和追求意味着社会阶层或群体的大多数成员的认可、赞同的态度。在一种新的服装样式流行初期，通常只有少数人去模仿或追随，当被一定数量和规模的人所接纳并普及开来的时候，就形成了流行。追随者的多少将影响到新样式的流行规模、时间长短和普及程度。[1]

四　周期性

服装的流行周期有两层含义：一是流行服装具有类似于一般产品的生命周期，即从投入市场开始，经历引入、成长、成熟到衰退的过程；二是服装流行具有循环交替反复出现的特征。从历史上看，全新的服装样式很少，大多数新样式的服装只是对已有样式进行局部的改变，如裙子的长度、上装肩部的宽度、裤腿肥瘦等的循环变化。另外，服装色彩、外观轮廓也具有循环变化的周期性特点。

---

① 沈雷：《服装流行预测教程》，东华大学出版社 2013 年版，第 15—17 页。

五 民族性

世代相传的民族传统和习俗不易改变，这就使不同民族的流行服装在款式、色彩、纹样等方面有所差异。比如某种和服款式在日本可能流行，在中国就不会流行，西欧流行女装的露胸形制、印度女装的露腹形制也不会在中国流行，同样各个民族在色彩上也会有某种偏爱或禁忌等。

六 地域性

服装的流行与地理位置和自然环境有关。北欧因气候寒冷，人们偏爱造型严谨、色彩深重的服饰，而非洲人因气候炎热，喜欢造型开放、色彩鲜明的服饰。城市的嘈杂喧闹，人们易采用淡雅柔和的自然色调，农村广阔而单调，人们则接受强烈浓重的人工色彩。[①]

第二节 服装流行的基本规律

任何事物的发展都有它自身变化的规律，服饰流行也不例外。一种事物开始兴起时，会受到人们的热切关注、追随，继而又会司空见惯，热情递减，产生厌烦，最后完全遗忘。法国著名时装设计大师克里斯汀·迪奥说："流行是按一种愿望展开的，当你对它厌倦时就会去改变它。厌倦会使你很快抛弃先前曾十分喜爱的东西。"这种由于心理状态而发生、发展、淡忘的过程就是流行的基本规律，也可称之为一个周期。[②]

服饰流行具有明显的时间性。服饰流行是随着时间的流动而变化的，过时的服装就不是时髦的服装，但过了时的服装并不是不美，只是因为看多了，看久了，失去了新鲜感，才不再流行下去。一种流行过去，又一种新的流行会兴起，年复一年，周而复始。

服饰流行还具有明显的空间性。同一款式风格的服装不会在同一

---

① 刘国联：《服装心理学》，东华大学出版社 2004 年版，第 132 页。
② 张星：《服装流行学》，中国纺织出版社 2006 年版，第 5 页。

时刻流行于世界的各个角落，通常，服装的流行总是从生产力较发达、文化水平较高、社会较开放的地区向生产力较低、文化水平较差、社会风气较保守的地区流动；总是从穿着讲究的年轻人、影视明星、社会名流向一般大众传播。同时，由于气候条件、经济收入、文化素养、生活方式等差异，即使上述条件相同，不同地区、不同阶层的人所能接受的服装也会有所不同。于是，在这部分地区或这部分人群中流行的式样，到另一部分地区或另一部分人群中流行时可能会有所改变。这种在某一时期，不同地区、不同人群中流行的不同服装使服饰流行呈现出空间性特征。

服饰流行还呈现螺旋式周期性变化的规律。每一种服装的流行都要经过兴起、普及、盛行、衰退、消亡这样五个阶段。旧的流行过去，新的流行又会诞生。在无数流行的交替过程中，由于人体对服装的限制，服装款式的创新只能在一定范围内进行，于是裙子从长到短，又会从短到长；上衣从宽松到紧身，又会从紧身到宽松。色彩也是这样，红色调流行过后也许会流行蓝色调，蓝色调流行过后也许会流行黄色调，在不断地交替中也可能会出现重复。材料亦是如此，华丽、精致的面料看多了，会觉得朴实、粗犷的面料更亲切；朴实、粗犷的面料看多了，又会喜欢华丽、精致的面料。款式、色彩、材料的循环反复，使服装的流行永远呈现在螺旋式周期性变化之中。服饰流行虽然具有螺旋式周期性变化的特征，但流行周期的长短、具体模式的表现却不是固定的。社会政治、经济、科技、艺术流派，甚至偶发事件等许多因素都可能导致流行周期的更改和具体模式的变化。国际上许多著名的服装设计师，总是在新的流行到来之前就开始研究它的发展规律和可能表现的外在形式，正确地指导并组织其公司的新产品设计和生产，在特定地区旧的流行衰亡之前及时转点销售，并开始迎接新的流行。[1]

---

① 袁燕、丁杏子：《服装设计》，中国纺织出版社 2009 年版，第 131 页。

第三章

影响服装流行的主要因素

服装流行是一种复杂的社会现象，体现了整个时代的精神风貌。包含社会、政治、经济、文化、地域等多方面的因素，它是与社会的变革、经济的兴衰、人们的文化水平、消费心理状况以及自然环境和气候的影响紧密相连的。这是由服装自身的自然科学性和社会科学性所决定的。社会的政治、经济、文化、科技水平、当代艺术思潮以及人们的生活方式等都会在不同程度上对服饰流行产生影响。而个人的需求、兴趣、价值观、年龄、社会地位等则会影响个人对流行服饰的采用。服饰流行的影响因素可以概括为三个方面：自然因素、社会环境因素和心理因素。①

第一节 自然因素

自然因素主要包括地域和气候两个方面。地域的不同和自然环境的不同，使各地的服装风格形成并保持了各自的特色。在服装流行的过程中，地域的差别或多或少地会影响流行。偏远地区人们的穿着和大城市里服装的流行总会有一定的差距，而这种差距随着距离的缩短递减。这种现象被称之为"流行时空差"。不同地区、不同国家人们的生存环境不同，风俗习惯也不同，导致人们的接受能力产生差别，观念和审美也会有一些差异。而一个地区固有的气候，形成了这个地

---

① 吴晓菁：《服装流行趋势调查与预测》，中国纺织出版社 2009 年版，第 23 页。

区适应这种气候的服装。当气候发生变化时，服装也将随之发生变化。[①]

第二节 社会环境因素

一 经济因素

当社会经济不景气，人们都将精力放在民生问题方面，首先要求解决食、住的问题，对服装款式是否流行，便不会太关心，亦不会时常购买衣服，于是造成服装业的萎缩，而服装款式的转变必然相应地减慢，甚至停滞不前。相反，社会经济繁荣富裕，人们便会不断要求新的服装款式，以满足其追求时髦的心理，服装设计师不断创新竞争，使新的服饰流行不断涌现。

二 文化因素

任何一种流行现象都是在一定的社会文化背景下产生和发展的，因此，它必然受到该社会的文化观念的影响与制约。从大方面来看，东方文化强调统一、和谐、对称，重视主观意念，偏重内在情感的表达，常常带有一种潜在的神秘主义色彩。因此，精神上倾向于端庄、平稳、持重与宁静。服装形式上多采用左右对称、相互关联。例如，中国、日本、印度等国家的传统服装都是平面、二维、宽松而不重视人体曲线，被西方人称为"自由穿着的构成"，但都讲究工艺技巧的精良与细腻。西方文化强调非对称，表现出极强的外向性，充满扩张感，重视客体的本性美感。服装外形上有明显的造型意识，着力于体现人体曲线，强调三维效果。国际化服装是当今的主流服装，各种文化之间的界限在逐渐淡化，各国服装流行趋于一致，但同样的流行元素在不同的国家仍然保持特有文化的痕迹，其表达方式也带有许多细节上的差异。例如西服套装，中式西服套装带有明显的清新、雅致的感觉，而欧式则更加强调立体感与成熟感。因此，地域文化同样对服装的流行有着重要的影响。它通过对人们的生活方式与流行观念的影

---

① 张星：《服装流行学》，中国纺织出版社 2006 年版，第 4 页。

响，使国际性的服装流行呈现出多元化的状态。①

三 政治因素

国家或社会的政治状况和政治制度在一定程度上对服饰流行也有影响。在等级制度森严的封建社会中，流行一般只发生在社会上层。统治者为了维护和巩固其统治地位，对不同阶层人的服装都有严格的规定，个人自由选择服装的余地很小，并且除了统治阶层之外，多数人生活贫困，没有经济实力追求流行。流行成为大众化的现象，只有在人的个性获得解放，人们享有充分自由选择权利的社会中才有可能。从历史上看，社会动荡和政治变革常会引起服装的变化，如18世纪法国大革命时期，革命者曾流行穿长裤，与保守派的半截裤大异其趣。

四 科技因素

科技的发展对服饰流行也具有深远的影响。一方面，它为新的服饰流行提供创意设计元素；另一方面，它能促进流行信息的交流，加速服饰流行的周期。从人类历史演变看，纺纱织布技术给人类的衣着带来巨大的变化和飞跃；近代资本主义工业革命带来了科技的迅速发展，促使服装从手工缝制走向机器化大生产，批量生产的形式，大大缩短了服装流行的周期。从20世纪30年代合成纤维的使用，到40年代尼龙丝袜的风靡；从60年代太空风貌的出现，到90年代富有金属质感的高科技面料，新科技、新发明使服饰流行超越了时空界限，深刻地影响着现代人的衣生活。

五 艺术思潮

每个时代都有反映其时代精神的艺术风格和艺术思潮，每个时代的艺术思潮都在一定程度上影响着该时代的服装风格。无论是哥特式、巴洛克、洛可可、古典主义，还是现代派艺术，其风格和精神内涵无一不反映在人们的服饰上。尤其是近现代，服装设计师开始有意

---

① 吴晓菁：《服装流行趋势调查与预测》，中国纺织出版社2009年版，第27页。

识地追随和模仿艺术流派及其风格，以丰富的艺术风格和形式拓展了服饰的表达能力。[①]

六　生活方式

生活方式是指在人们的物质消费、精神文化、家庭及日常生活领域中的活动方式。在同样的物质条件下，人们可以选择不同的生活方式，生活方式直接影响人们对服装流行的态度。生活随意的人群通常喜欢休闲、随意、宽松的样式，而生活严谨的人群通常选择合体的正装，运动爱好者强调服装的功能性与舒适性，而经常开会赴宴、出入豪华场合的人群则需要多套礼服与高级时装等。生活方式的改变往往会引起服装流行的变化。20 世纪初，人们的生活方式发生了极大的改变，女性走出家庭，进入社会工作，职业女装应运而生；20 世纪60 年代，随着世界经济的发展与年轻消费群体的产生，年轻人向传统提出挑战，服装设计开始与街头文化接轨，大众化成衣成为主流。21 世纪，体现每个个体独特个性的非主流服饰成为新的流行风向。

七　社会事件

在现代媒体的传播和引导中，社会上的一些事件常常可以成为流行的诱发因素，并成为服装设计师的灵感来源。重大事件或突发事件一般都有较强的吸引力，能够引起人们的关注。如果服装设计师能够敏锐而准确地把握和利用这些事件，其设计作品就容易引起大众的共鸣从而产生服饰流行的效应。例如，1997 年的香港回归，2008 年的北京奥运会等重要事件，都曾经引起带有相应元素的中国风服饰的流行。

第三节　心理因素

流行在服饰领域的影响是不容忽视的，每个人都会受到流行的影响并产生一些微妙的心理反应，同时，正是由于这些心理反应使服装

---

① 赵平、吕逸华：《服装心理学概论》，中国纺织出版社 1995 年版，第 140 页。

流行不断地向前发展。影响服饰流行的心理因素很多，其中主要体现在以下几个方面：

求廉心理：由于贫困和落后，使得生活拮据的消费者购买服装的目的仅仅局限于满足蔽体、防寒、保暖这些最基本的功能需要，在这一前提下，消费者会购买廉价实用的衣服。

求实心理：注重服装穿着舒适、安全防护、穿用方便等功能的消费者，不过分强调服装的款式、面料和花色的综合效果以及是否流行，是否价格低廉等，只要能满足他们对特定功能的需求即可。

求同心理：注重与环境协调，趋同心理强烈的消费者，对服装的需求讲究稳重大方、求同存异，只求大众化。

求新心理：关注并积极参与社会现实的消费者，乐于追求服装的流行，也敢于领导潮流，所以服装消费以新颖、时尚为首选。

求名心理：认为穿着名牌服装可显示个人的社会角色、经济实力、身份地位、欣赏品位的消费者，为拥有名品可一掷千金，但其心理需求得到了极大的满足。

求奇心理：富有挑战、反现实心态的消费者常以怪诞、新奇、独创、刺激等特有的着装风格，求得标新立异、与众不同。

求美心理：追求服装的审美艺术价值，注重服装的造型、穿着后的艺术效果以及由此所表现出的美妙意境。[1]

---

[1] 宁俊、李晓慧：《服装营销实务与案例分析》，中国纺织出版社 2000 年版，第 21 页。

第二篇
中国服装流行与审美变迁

第一章

西周时期的服装流行与审美

西周时期的社会生产力大大发展，物质明显丰富起来，社会秩序也走向条理化，各项规章制度逐步完备完善。中国的冠服制度，在经历了夏商的初步发展之后，到西周时期已经完备完善，西周最大的贡献以及对于后世的影响就是礼服制度（也叫冠服制度）的完善。西周以分封制度建国，以严密的阶级制度来巩固帝国，制定了一套非常详尽周密的礼仪来规范社会，安定天下。服饰作为社会的物质和精神文化，被纳入"礼治"范围，服饰的功能被提高到突出的地位，从而赋予了服饰以强烈的阶级内容。服装是每个人阶级的标志，服装制度是立政的基础之一，所以西周时期的统治者对服饰资料的生产、管理、分配、使用都极为重视并有严格规定。

第一节 西周时期的流行服装

西周时期，统治阶级为了稳定阶级内部秩序，制定了严格的等级制度和相应的冠服制度。以冕服为首的冠服体系在西周礼制社会中扮演着重要角色，并对后世产生重要影响。冕服在西周形成以后，在历代沿袭中虽有所损益，但其等级意义被完整保留下来。冕服是中国古代服装史的一个重要组成部分，主要由三部分组成，即冕冠、冕服和佩饰附件。冕冠是周代礼冠中最为尊贵的一种，穿着起来威严华丽，仪表堂堂，专供天子、诸侯和卿大夫等各统治者官员在参加各种祭祀典礼活动时穿着，成语"冠冕堂皇"一词就是从这里引申出来的。冕冠由冕板和冠两部分组成，冕板是设在筒形冠顶上的一块长方形木板，称为綖板。綖板用细布帛包裹，上下颜色不同，上面用玄色，喻天，下面用纁色，喻地。冕板宽八寸，长一尺六寸，前圆后方，象征天圆地方。冕板固定在冠顶之上时，必须使其前低后高，呈前倾之势。这样设计的用意，据说是为了警示戴冠者，虽身居显位，也要谦卑恭让，同时也含有为官应关怀百姓之意。冕板的前后沿都垂有用彩色丝线串联成的珠串，也各有称谓：彩色丝线叫"藻"或"缫"；丝线上穿缀的珠饰叫作"旒"；合称为"玉藻"或"冕旒"。每颗玉珠之间要留有一定的间距（约1寸），为使珠玉串送为一起，采用在丝线的适当距离部位打结固珠的办法，两节之间称为"就"。所用彩色丝线和玉珠也有讲究，如天子位尊，用最多的青、赤、黄、白、黑五种色彩合成的缫（藻）和串有朱、白、苍、黄、玄五种色彩的玉珠共同组成的玉藻，每旒所用玉珠的数量最多为十二个。而诸侯只能用朱、白、苍三色组成的九旒玉藻。这里用五色丝线和用五色玉珠按顺次排列，象征着五行生克及岁月流转。悬挂在冕沿上的冕旒犹如一副帘子，刚好遮挡了一部分视线。这样设计的目的，据说是要求戴冠者对周围发生的一些事情要有所忽视，"视而不见"一语就是由此而生的[①]。冕板下面是筒状的冠体，在冠的两侧对称部位各有一个小圆孔，叫"纽"。它的用途是，当冠戴在头上后，用玉笄顺着纽孔横向穿过对面的纽孔，起到固定冠的作用。从玉笄两端垂黈纩（音 tǒu kuàng，黄色丝绵做成的球状装饰）于两耳旁边，也有称它为"瑱"或"充耳"的说法，是表示帝王不能轻信谗言，成语"充耳不闻"就是由此而引申出来的。这也就是《汉书·东方朔传》所讲的"冕而前旒，所以蔽明；黈纩充耳，所以塞聪"。从冠上横贯左右而下的，是一条纮，即长长的天河带。冕冠的形制，世代相传承，历代帝王在承袭古制的前提下各有局部创新。冕服是采用上衣下裳的基本形制，即上为玄衣，玄，指带赤的黑色或泛指黑色，象征未明之天；下为纁裳，纁，指浅红色（赤与黄即纁色），表示黄昏之地（图 2 - 1 - 1）。

　　该时期出现了"十二章"服饰纹样作为王权的标志。在冕服的玄

---

　　①　赵连赏：《中国古代服饰图典》，云南人民出版社 2007 年版，第68—69页。

衣纁裳上要绘、绣十二章纹样，前六章作绘，后六章缔绣。十二章纹样不仅本身带有深刻的意义，其纹样的章数还带有鲜明的阶级区别，与其他西周服装元素共同构成中国古代冕服的基本形制。十二章纹样是帝王在最隆重的场合所穿的礼服上装饰的纹样，依次为日、月、星辰、山、龙、华虫、宗彝、藻、火、粉米、黼和黻，分别象征天地之间十二种德性。所用章纹均有取义：日、月、星辰，取其照临；山，取其稳重；龙，取其应变；华虫（一种雉鸟），取其文丽；宗彝（一种祭祀礼器，后来在其中绘一虎），取其忠孝；藻（水草），取其洁净；火，取其光明；粉米（白米），取其滋养；黼（斧形），取其决断；黻（常作亚形，或两兽相背形），取其明辨[1]（图 2-1-2）。

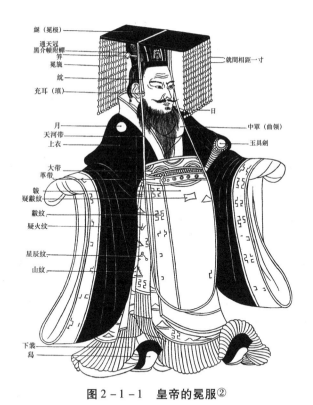

图 2-1-1 皇帝的冕服[2]

---

① 黄能馥、陈娟娟：《中国服装史》，中国旅游出版社 2001 年版，第 33 页。
② 周锡保：《中国古代服饰史》，中国戏剧出版社 2002 年版。

图 2-1-2　十二章纹样①

西周时期，统治者不但对冕服做了严格的规定，对一般服饰也有严格规定。西周时期的一般服装主要有深衣、玄端等。深衣是西周时期出现的一款新样式。深衣含有被体深邃之意，故得名。周代以前的服装是上衣下裳制，那时候衣服不分男女全都做成两截——穿在上身的那截叫"衣"，穿在下身的那截称"裳"。深衣是上衣与下裳连成一体的上下连属制长衣，一般为交领右衽、续衽钩边、下摆不开衩，分为曲裾和直裾两种。为了体现传统的"上衣下裳"观念，在裁剪时仍把上衣与下裳分开来裁，然后又缝接成长衣，以表示尊重祖宗的法度。下裳用6幅，每幅又交解为二，共裁成12幅，以应每年有12个月的含义。这12幅有的是斜角对裁的，裁片一头宽、一头窄，窄的一头叫作"有杀"。在裳的右衽上，用斜裁的裁片缝接，接出一个斜三角形，穿的时候围向后绕于腰间并用腰带系扎，称为"续衽钩边"。据《深衣篇》记载，深衣是君王、诸侯、文臣、武将、上大夫

---

① 袁杰英：《中国历代服饰史》，高等教育出版社1994年版，第22页。

都能穿的，诸侯在参加夕祭时就不穿朝服而穿深衣。[①] 深衣被儒家赋予了很多理念与意义：深衣袖圆似规，领方似矩，背后垂直如绳，下摆平衡似权，符合规、矩、绳、权、衡五种原理，所以深衣是比朝服次一等的服装。庶人则用它当作吉服来穿。深衣最早出现于西周时期，盛行于春秋战国时期。

玄端属于国家的法服，天子和士人可以穿。诸侯祭宗庙也可以穿玄端，大夫、士早上入庙，叩见父母也穿这种衣服，诸侯的玄端与玄冠、素裳相配，上士亦配素裳，中士配黄裳，下士配前玄后黄的杂裳。袍也是上衣和下裳连成一体的长衣服，但有夹层，夹层里装有御寒的棉絮。袍根据内装棉絮的新旧而有不同的名字：如果夹层所装的是新棉絮，则称为"茧"；若装的是劣质的絮头或细碎枲麻充数的，称之为"缊"。在周代，袍是作为一种生活便装，而不作为礼服。襦是比袍短的棉衣。如果是质料很粗陋的襦衣，则称为"褐"。褐是劳动人民的服装，《诗·豳风》："无衣无褐，何以卒岁。"中华祖先最早用来御寒的衣服就是兽皮，使用兽皮做衣服已有几十万年的历史。原始的兽皮未经硝化处理，皮质发硬而且有臭味，西周时不仅早已掌握制皮的方法，而且懂得各种兽皮的性质。例如天子的大裘采用黑羔皮来做。贵族穿锦衣狐裘，《诗·秦风》："君子至止，锦衣狐裘。"狐裘中又以白狐为珍贵。其次为黄狐裘、青狐裘、麛麑（mí ní）裘、虎裘、貉裘，再次为狼皮、狗皮、老羊皮等。狐裘除本身柔软温暖之外，还有"狐死守丘"的说法，说狐死后，头朝洞穴一方，有不忘其本的象征意义。这无形之中给狐裘增添了一些忠义色彩，因此备受士人的青睐。天子、诸侯用裘不加袖饰，下卿、大夫则以豹皮装饰袖端。此类裘衣毛朝外穿，天子、诸侯、卿大夫在裘外披罩衣（裼衣），天子白狐裘的裼衣用锦制作，诸侯、卿大夫上朝时要再穿朝服。士以下儒人无裼衣。

西周时期，随着阶级的分化，首饰佩饰除了被赋予宗教性的内涵之外，还被赋予了阶级的内涵。当时的首饰佩饰，主要包括：发笄、冠饰、耳饰、颈饰、臂饰、佩璜、扳指等，有骨、角、玉、蚌、金、

---

① 梁鸿：《礼记》，时代文艺出版社 2003 年版，第 264 页。

铜等各种材质，其中以玉制品最为突出。周代统治者以玉衡量人的品德，所谓"君子比德于玉""君子无故玉不去身"，玉德是根据治者德政的需要，将玉固有的质地美转化为思想修养和行为准则的最高标准，以玉德约束君子的社会行为，玉在周代成为贵族阶级道德人格的象征。

第二节　西周时期服装的审美特征及成因

中国社会在西周时期已经形成了完备的章服制度，自天子至公、侯、伯、子、男的服装都有固定的制式和纹样。从章服的纹饰图案和质料色彩看，它一方面把外部世界由天象、自然构建的秩序挪移到了人事制度，同时也以自然的华彩映衬人伦秩序之美。服装作为身份地位的象征，它以直观的形式彰显了人的差异性，但也让各色人等在一个有序的权力框架内各就各位，使社会秩序庄严肃穆，使人的行为符合规范。西周章服是西周人智慧的形象化和物态化，是周人以礼疏通天道人情的浓缩。繁缛庞杂的西周章服是西周"礼"与"乐"的交融。

"礼"作为周人最高的行为规范，是周人无法避免的躬行基础。周公所制之"礼"不同于前代的根本之点在于将事神之礼仪式化，等级化，对祭祀的不同对象、规模都做出种种规定，使之成为体现和加强宗法等级关系的有力表现形式，从而凸显了祭祀仪式对人的示范教化意义，进一步由祭祀之礼扩展为社会各种活动、交往的典礼仪节，建立起了周人特有的礼制规范。周天子作为最为突出的社会角色，其服饰上的反映也最为典型。章服作为周天子祭祀活动时穿的礼服，具有特别的意义。章服的内在礼节规定反映的是西周的层层等级制，使人时时处处意识到自己所处的关系位置。天子权利至高无上，《周礼》未曾涉足天子礼制，但这种服饰上的等级制在诸侯身上十分明显。服饰同分封诸侯的城池宫室车马器用一样，是诸侯身份地位最显著、最直观的标识。章服作为西周政治、宗教的补充和象征，强化了周天子的权威角色，体现了周天子的尊贵地位。在西周等级森严的奴隶制社会里，服饰的形制、质料、服色等，更是直接反映着人们的不同社会地位和等级尊卑。

西周章服的内容还体现出中和之美。西周文化处理"人道"之核心准则，即处理事物恰到好处。"中和"思想是西周人在长期的生活实践中产生的，其意大致有四方面：一曰"多"，统摄"天地之行"，集自然、社会、人事之汇；二曰"合"，合于天地之行；三曰"适"，适，度也，即恰到好处，处理事物上分寸掌握得好；四曰"我"，我，周之社稷也。章服外在形态的多样性、反映内容的复杂性、使用礼仪的繁文缛节，是"多"；表现周天子的身份、威严，"德称其服"，每项礼仪都营造"其乐融融、心平气和"的氛围，旨在塑造规矩中节的性格，是"合"。"合"者"乐"，"乐者为同，礼者为异。乐同统，礼辨异。礼乐之说，关管乎人情。礼义立，则贵贱等矣；乐文同，则上下和矣"。"合"者"度"，"乐而不浮，哀而不伤"，"和且有仪"。

西周繁缛庞杂的章服制度奠基于周礼，章服是"君子"美德的集聚。服装要在和谐中体现人的美，是西周章服体现周礼伦理规范的重要内容之一。在伦理与审美同源的西周，章服作为"君子"人格的化身，从审美理想的层面典型地反映了周代文化的礼乐精神和人文色彩。周人"君子"的"理想形象"是内在的"礼"与外在的"仪"的统一，对应章服的服饰从不同方面进行了刻画：通天冠、十二章纹中的日月星辰以示"天人合一"、君子"与天比德"；十二章纹中的宗彝，以示"君权神授"；冕冠上的玉蝉、冕琉上的玉珠、腰间的配玉以示君子"比德于玉""勤用明德"；粉米、藻以示君子"崇德象贤""予怀明德"等。章服在追求合"礼"的内在美的同时，用可感的形象、采用艺术的审美表达方式说明义理，"仪"成为"礼"的外在表现。章服的十二章纹是对殷商纹饰的重组变形，这种变形是以西周的"中行"伦理思想和礼仪为基础的。十二章纹中，天的位置只有三章，而人（祖先神）的位置有七章，实现了从殷人"宾于帝"到周人"克配彼天"的人治变化。殷人以狞厉的饕餮为美，饕餮纹积淀着殷商独特文化，包含着殷人诸多信仰、心理、感觉成分的美，但在十二章纹中它被剔除，道理很简单，饕餮的凶猛与周人的"中行"相悖。这说明，周人已经敏锐地看到了殷商社会的不和谐因素，以服装来提醒自己。

第二章

春秋战国时期的服装流行与审美

第一节　春秋战国时期的流行服装

春秋时期，由于铁制工具的使用，原本依靠周王朝封地维持经济运行的小国，纷纷开荒拓地，发展粮食和桑、麻生产，国力骤然强盛，逐渐摆脱了对周王朝的依赖，周王朝遂告衰微，以周天子为中心的"礼治"制度从而走向崩溃。春秋战国时期，诸侯争霸战争破坏了奴隶制的旧秩序，给人民带来了灾难和痛苦，但战争加快了统一的进程，促进了民族融合，也加快了变革的步伐，国家政治、社会经济、思想文化等各方面都经历了前所未有的变动。中国古代思想文化的发展进入了第一次高潮时期，在思想文化领域里，涌现出诸子百家，各派著书立说，聚徒讲学，各抒己见，形成了中国古代思想史上的"百家争鸣"局面。

社会的变革也在服饰文化中反映出来，春秋战国时期是中华服饰文化变革的第一个浪潮。主要表现在：第一，由于农业和纺织原料、染料及纺织手工业迅速发展，服饰用料发展，纺织原料、染料和纺织品的流通领域不断扩大，齐鲁一带迅速发展成为当时我国丝绸生产的中心地区，齐国获得"冠带衣履天下"的美称。第二，服装色彩观念改变，稳重、华贵的紫色，被视为权贵和富贵的象征，取代朱色成为正色。第三，服装配套结构产生变革，一方面，社会上层人物囿于传统审美观念，仍然保持宽襦大裳的服饰；另一方面，军人和劳动人民则废除传统的上衣下裳，下身单着裤而不加裳。这一变革要归功于战国的赵武灵王。赵武灵王为了拓展疆土、富国强兵，力排众议，勇于革新，推行以"胡服骑射"为中心的改革，使赵国成为战国后期东方六国中唯一能与强秦抗衡的国家。开创了中国历史上第一次服饰革命，对后世服饰产生了极其深远的影响。

深衣是春秋战国时期的流行服装，无论男女老幼，都可穿着。深衣是西周以来传统的贵族常服，平民之礼服。东周时期，礼崩乐坏，礼制的清规戒律被打破，加之社会的变革和生产力的发展，深衣广泛流行。山西侯马牛村东周青铜冶铸遗址出土的春秋男子陶范，穿矩纹织物的深衣，这种深衣矩领、窄袖，交领右衽，腰部束带。说明此时深衣已在下层人士中流行。到战国时期，深衣有了较大的发展。以楚国为例，楚人"信鬼好祀"，厚葬之风盛行，楚墓中出土了大量木俑、帛画等文物，这些形象资料较真实地再现了楚人的服饰，使我们对楚人服饰有了较具体的了解。从这些资料可以看出，战国时期，深衣已在楚国盛行，男女均可穿着，成为一种时装。楚人的深衣有直裾和曲裾两种款式，交领右衽，衣服渐趋宽博，窄袖已变为广袖，一般以高级丝织物为面料，图纹绚丽多彩。曲裾深衣绕襟数重，旋转而下（见彩图1）。

此外，在战国时期的军服中还流行胡服。所谓胡服，实际上是西北地区少数民族的服装，它与中原地区宽衣博带式汉族服装有较大差异，一般为短衣、长裤和革靴，衣身瘦窄，便于活动（见彩图2）。商周以来的传统服装，一般为襦、裤、深衣、下裳配套，或与上衣下裳配套；裳穿于襦、裤、深衣之外。裤为不加连裆的套裤，只有两条裤管，穿时套在胫上，也称胫衣。这种服装配套极为繁复，在表现穿衣人身份地位的装身功能方面，具有特定的审美意义。但穿着费时，运动也极不方便，尤其不能适应战争骑射的高强度运动。战国时期，位于西北的赵国，经常与东胡（今内蒙古南部、热河北部及辽宁一带）、楼烦（今山西西部）两个相邻的民族发生军事冲突。这两个民族都善于骑马矢射，能在崎岖的山谷地带出没，而中原民族习于车战，只能在平地采用防御阻挡，而无法驾战车进入山谷地带进行对敌征战。公元前307年，赵武灵王决定进行军事改革，训练骑兵制敌取胜。而要发展骑兵，就需进行服装改革，具体的做法是学习胡服，吸收东胡族及楼烦人的军人服式，废弃传统的上衣下裳，将传统的套裤改为合裆裤，合裆裤能够保护大腿和臀部肌肉皮肤在骑马时少受摩擦，而且不用在裤外加裳即可外出，在功能上是极大的改进。赵武灵王进行的服装改革，在中华服饰史上是一件巨大的功绩。但是，春秋战国直至汉代，社会上层人物囿于传统审美观念，仍然保持宽襦大裳的服饰，只有军人及劳动人民下身单着裤而不加裳①。

　　春秋战国时期，首饰和佩饰更加讲究，特别强调造型美，通常选用珍贵的材质加工制作，制作工艺技巧也更加精湛，饰品的种类更加丰富。开始使用腰带钩。商周时期的腰带多为丝帛所制的宽带，叫绅带。因在绅带上不好勾挂佩饰，所以又束革带。最初束革带两头是用短丝绳和环系结，并不美观，只有贫贱的人才把革带束在外面，有身份地位的人都把革带束在里面，然后在其外面束绅带。西周晚期至春秋早期，华夏民族采用铜带钩固定在革带的一端，只要把带钩勾住革带另一端的环或孔眼，就能把革带勾住。使用非常方便，而且美观，所以就把革带直接束在外面来了。古文献记载春秋时齐国管仲追赶齐桓公，拔箭向齐桓公射去，正好射中齐桓公的带钩，齐桓公装死躲过了这场劫难，后成为齐国的国君，他知道管仲有才能，不记前仇，重用管仲，终于完成霸业的故事。另外，《淮南子·说林训》所记："满堂之坐，视钩各异"，也说明革带已经露在外面。因为革带露在外面，革带的制作也越来越精美华丽，后来不但把带鞓（tīng）漆上颜色，还镶嵌金玉装饰。考古发现的材料证明，早在西周晚至春秋早期山东蓬莱村里集墓就有方形素面铜带钩出土。战国时期的带钩，材质高贵，造型精美，制作工艺十分考究。带钩的材料有玉质的、金银的、青铜的、铁的，形式有多种变化，但钩体都作 S 形，下面有柱。另外，统治阶级都有佩玉，佩有全佩（大佩，也称杂佩）、组佩，及礼制以外的装饰性玉佩。

　　春秋战国时期的服饰纹样也具有鲜明的流行特征。春秋战国时期的服饰纹样是从商周奴隶社会的装饰纹样传统基础上演化而来，商周时期的装饰纹样造型强调夸张和变形，结构以几何框架为依据作中轴

---

　　①　黄能馥、陈娟娟：《中国服装史》，中国旅游出版社 2001 年版，第 55 页。

对称，将图案严紧地框定在几何框架之内，动物的头、角、眼、鼻、口、爪等部位特别夸张，以直线为主，弧线为辅的轮廓线表现出整体划一，严峻狞厉的风貌，象征着奴隶主阶级政权的威严和神秘，这是奴隶社会特定的历史条件下形成的时代风格。春秋战国时期随着奴隶制的崩溃和社会思潮的活跃，装饰艺术风格也由传统的封闭转向开放式，造型由变形走向写实，轮廓结构由直线主调走向自由曲线主调，艺术格调由静止凝重走向活泼生动。但商周时期的矩形、三角形几何骨骼和对称手法，春秋战国时期仍继续运用，不过不受几何形状的拘束，往往把这些骨骼作为统一布局的依据，但并不作为"决定性骨骼"。图案纹样可以根据创作意图超越几何框架的边界，灵活处理。以湖北江陵马山砖厂和长沙烈士公园战国时期楚墓出土的刺绣纹样为例，题材除龙凤、动物、几何纹等传统题材外，写实与变形相结合的缠枝花草、藤蔓纹是具有时代特征的新题材。缠枝花草、藤蔓和活泼而富于浪漫色彩的鸟兽动物纹穿插结合，缠枝花草、藤蔓顺着图案骨骼、矩形骨骼、菱形骨骼、对角线骨骼铺开生长，既起装饰作用，又起骨骼作用。在枝蔓交错的大小空位，则以鸟兽动物纹填补装饰。动物纹样往往头部写实，而身部经过简化，有的直接与藤蔓结为一体，有的彼此缠叠，有的写实形与变形体共存，有的数种或数个动物合成一体，有的动物体与植物体共生，以丰富优美和多样的形式，把动植物变体与几何骨骼结合，反映了春秋战国时期服饰纹样设计的高度活跃和成熟。

第二节　春秋战国时期服装的审美特征及成因

诸子百家的服饰观影响了春秋战国时期的服饰审美。春秋战国时期，中原一带较发达地区涌现出一大批有才之士，在思想、政治、军事、科学技术和文学上造诣极深。各学派坚持自家理论，竞相争鸣，产生了以孔孟为代表的儒家、以老庄为代表的道家、以墨翟为代表的墨家，以及法家、阴阳家、名家、农家、纵横家、兵家、杂家等诸学派，其论著中有大量篇幅涉及服装美学思想。儒家提倡"宪章文武""约之以礼""文质彬彬"。道家提出"被（披）褐怀玉""甘其食，美其服"。墨家提倡"节用""尚用",不必过分豪华,"食必常饱,然后求美,衣必常暖,然后求丽,居必常安,然后求乐"。属于儒家学派,但已兼受道家、法家影响的荀况强调:"冠弁衣裳,黼黻文章,雕琢刻镂皆有等差。"法家韩非子则在否定天命鬼神的同时,提倡服装要"崇尚自然,反对修饰"。《淮南子·览冥训》载"晚世之时,七国异族,诸侯制法,各殊习俗",比较客观地记录了当时论争纷纭、各国自治的特殊时期的真实情况。

　　社会变革导致对身份的重新厘定,进而影响服饰审美观。西周末年,周代建立的等级制开始走向崩溃。王室衰微,诸侯崛起,争霸战争不断,使得宗族血缘体系开始逐渐走向衰落,社会进入变革动荡时期。社会的变革使得原来固定的社会阶层关系面临新的挑战,其中一个重要的因素就是士及商人阶层的兴起,还有就是新兴军功贵族的形成。战国时期,面对旧有制度屡被挑战的混乱情况,就要建立新的等级制度以适应新的社会秩序,实际上是从贵族世袭制走向君主专制的演变。战国时期统治者纷纷制定严厉的法律政策,诸侯国相继推行变法。其中共同的一项就是废除世袭制,即是要压制世族的特权,以扩大新兴权贵的利益。社会阶层的产生使得服饰开始有了差异化,阶级的确立使服饰也随之成为阶级的标志,服饰从此有了表现高低贵贱的功能,这种表现因人们身份地位的世袭固定而约定俗成。春秋战国时期,随着社会的变革,人们的身份地位从世袭变为流动,至战国时期社会阶层的重新界定,阶级集团的重新确定使得原有的服饰与既定人群的关系发生了变化。新兴地主阶级的变法对利益再分配提供依据,而诸子百家思想也成为社会各阶层的代表,在此形势之下,服饰等级使用开始以法规来限制。记载服饰制度较多的《礼记》及《管子》都有所反映,《礼记》反映了儒家畅想在"礼治"下的理想社会形态,《管子》在尊重现实的基础上也有"稷下学宫"构建有序和谐社会的设想成分,但也代表了当时盛极一时的田齐法家的思想,一定程度上反映了战国时期服饰使用等级的严肃性,所以可以肯定地认为我国古代的服饰制度在战国时期完备并确立下来,衣服的质料、纹样及款式、佩饰品的种类和长短,冠及履的样式和用料等一系列能显示身份地位的佩饰之物,不但成为统治者和被统治者的基本区分标准,在统治集团内部，服饰的高低档次也是区分身份地位的标志之一。这种服饰的等级制度同时也给服饰打上了独特的时代烙印，形成了独特的服饰审美风貌。

第三章

汉代的服装流行与审美

在汉代四百余年的发展历程中，服饰发展很不平衡。西汉初，国家初创、百废待兴，服饰亦甚为简单，大部分服饰直接承袭了秦代风格。汉武帝以后，对服饰制度开始重视，初步制定了朝臣的服饰等级制度，服饰开始繁荣，比奢之风开始出现，但服饰制度还不完善。公元59年，东汉明帝下诏恢复和制定新的服饰制度，才使汉代服饰制度真正确立。当时，参照周代服饰制度，恢复了被秦始皇废止的传统礼服——冕服制度，确立了朝官服饰的使用等级、皇后的服饰规制以及朝官的佩绶等服饰等级制度，使服饰的等级区别更加严格。从此，汉代的服饰制度跨上了一个新的台阶，它标志着中国古代服饰制度已经进入了比较丰富的阶段。西汉时，张骞出使西域，开通了丝绸之路，促进了中西方经济文化的交流，促进了民族间的融合与发展，同时对促进汉代的兴盛产生了积极作用。丝绸之路将古代亚洲、欧洲和非洲的文明联结在一起，中国的四大发明、养蚕织丝技术以及绚丽多彩的丝绸产品、茶叶、瓷器等通过丝绸之路传送到了世界各国。同时，中亚、印度等地区和国家的文明也源源不断地输入中国，使古老的中华文明得以更新和发展。丝绸之路是古代中国走向世界之路，是中华民族向全世界展示其伟大创造力和灿烂文明的门户，也是古代中国得以与西方文明交融交汇、共同促进世界文明进程的合璧之路。

第一节　汉代的流行服装

汉代服饰的发展变化，冠、巾和帻是其突出代表之一。汉代的冠是区分等级身份的基本标志之一，其种类来源于三个方面：即恢复周礼之冠、承袭秦代习俗和本朝创新。汉代冠的种类繁多，包括冕冠、长冠、委貌冠、爵弁、通天冠、远游冠、高山冠、进贤冠、法冠、武冠、建华冠、方山冠、术士冠、却非冠、却敌冠、樊哙冠等十余种。它们和各式各样的巾、帻一起，使汉代男子的服饰颇具几分韵味。长冠，传说是汉高祖刘邦做亭长时，常戴一种用竹子编制而成的冠。得天下以后，仍然十分喜欢，常以为冠，故又被称作"刘氏冠""竹皮冠"或"高祖冠"等。由于这种冠形似鹊尾，还有"鹊尾冠"之称，形式与长沙马王堆 1 号西汉墓出土木俑所戴的鹊尾冠相似。委貌冠，长七寸，高四寸，上小下大，形如复杯，以皂色绢制之，与玄端素裳相配。公卿诸侯、大夫于辟雍行大射礼时所服。执事者戴白鹿皮所做的皮弁，形式相同，是夏之毋追、殷之章甫、周之委貌的发展。

冕和冠是只有贵族、官员才能戴用的，而老百姓只能用布帛包头，称为巾。巾含有"谨"的意思，战国时韩国人以青巾裹头，称为苍头；秦国以黑巾裹头，称为黔首。冠和巾子本来是古时男子成年的标志，男子到了 20 岁，有身份的士加冠，没有身份的庶人裹巾，劳动者戴帽。巾在汉代的大部分时间里是劳动者和下层人士的首服，汉末则受到了王公贵族们的青睐。汉代巾的种类非常多，主要有葛巾、林宗巾和幅巾等。葛巾是用葛布制成，单夹皆多用本色绢，后有两带垂下，为士庶男子用。东汉时期，出现了一种新的头巾，叫作"林宗巾"。汉桓帝在位时，宦官把持朝政，郭林宗不愿与他们同流合污，而选择了远离朝堂。当时，他门下弟子有千余人，都对他十分尊敬，他的服饰也成为众人模仿的对象。有一天，他出门讲学，途遇大雨，戴的头巾被大雨淋湿，一个角耷拉下来，形成了半面高，半面低的样子，这个装扮很快就被其他名士模仿，并以他的名字命名为"林宗巾"。"林宗巾"流传非常广，即使到了魏晋时期，仍然风靡全国。东汉末年，头巾的使用对象发生了变化，不仅一般的劳动者戴它，一些王公贵族也纷纷以戴头巾为雅，戴头巾的风气大兴。特别是有一种用整幅细绢做成的幅巾，在士庶中大为流行，头戴幅巾、手执羽扇成为当时文士的普遍打扮。汉末的黄巾起义，即为头戴黄色幅巾。

帻，是一种由巾演变而成的帽，也是汉代常见的首服之一，无论皇帝、朝廷官员，还是门卒小吏均可戴用。帻的形制很像帕首，最早见于战国时的秦国。当时为了不让头发下垂，就用巾帕把头发包上。汉代的帻，额前多了一个名为"颜题"的帽圈，以便与脑后的三角形的耳相接。文官和武官的冠耳长度不同，文官的稍长些。"颜题"和耳联好后，再用巾盖在上面，形成了"屋"。因为高起部分很像"介"字，故称为"介帻"。如果"屋"呈平顶状，就被称为"平顶帻"。东汉后期还出现了前低后高的平巾帻，前低后高是因为耳高颜题低造成的。"介帻"的冠体被称为展筒，展筒前面装梁，梁是用来区别等级的。身份高贵的还可在帻上加冠，用什么冠也是有讲究的。在汉代，帻还可以作为成年的标志，成年人戴有"屋"的帻，未成年人戴无"屋"的帻，这就是未成年人被称为未冠童子的原因①。

汉代男子流行穿袍服，袍即深衣制。汉代男子的袍服大致分为曲裾、直裾两种。曲裾袍，即为战国时期流行的深衣。汉代仍然沿用，但多见于西汉早期，到东汉，男子穿深衣者已经少见，一般多为直裾袍。曲裾袍的样式多为大袖、袖口部分收紧缩小；交领右衽，领子低袒，穿时露出里衣；袍服的下摆常打一排密褶裥，有些还裁成月牙弯曲状（图2-3-1）。直裾袍也称为襜褕，名取其襜襜然有宽裕之貌，为男女通用之服。汉代，无裆的裤子逐渐被有裆的裤子取代以后，曲裾袍那用来遮挡无裆裤的裹缠式长衣襟就显得多余了。于是，形式更为简洁的直裾袍开始替代曲裾袍，成为新的流行。直裾襜褕的流行，说明汉代人们对服装的要求更趋于实用。襜褕西汉时出现，东汉时盛行，但最初时不能作为正式礼服，到东汉时才取代曲裾袍成为正式礼服。《史记·魏其武安侯列传》记载："元朔三年（前131），武安侯衣襜褕入宫，不敬。"说明当时武安侯因为穿着襜褕觐见汉武帝，而犯了对天子不敬之忌。可是，东汉时期，穿着襜褕参与社会活动已是非常普遍的现象了。《东观汉记·耿纯传》记载："耿纯，字伯山，率宗族宾客二千余人，皆衣缣襜褕，降巾，奉迎上于费。"禅衣又作"单衣"。汉代的正服之一，外形与深衣相似，不论男女均可穿着。

---

① 高格：《细说中国服饰》，光明日报出版社2005年版，第55页。

禅衣与深衣的区别在于：深衣有衬里，禅衣无衬里。襦是汉代实用的常服，交领右衽，通身较短，不分男女，穿着方便，有单棉之分，适用于一年中大部分时间穿着。在汉代，广大劳动者也穿襦，但他们所穿的襦是用麻丝一类的粗劣织物做成的，叫"褐"，又称为"短褐"。

图 2 - 3 - 1　穿曲裾袍的男子

汉代的男子流行穿裤子。古代裤子皆无裆，只有两只裤管，形制与以后的套裤相似，穿时套在胫部，所以又被称为"胫衣"，也称"绔"或"袴"。汉代男子所穿的裤子，有的裤裆极浅，穿在身上露出肚脐，但是没有裤腰，而且裤管很肥大。后来，裤腰加长，可以达到腰部，而且增加了裤裆，但是没有缝合，在腰部用带子系住，就像今天小孩子的开裆裤，然后在裤子外面围下裳——裙子。汉代的裤子分为长短两种，长的叫"裈"，短的叫"犊鼻裈"，经常和襦搭配穿用。

汉代贵族妇女的礼服，仍承古仪，以深衣为尚。东汉女子礼服制度规定：太皇太后、皇太后和皇后的祭庙服用深衣式礼服；每年举行祭蚕礼时，三代皇后都要穿深衣式礼服出席；另外，皇后的祭蚕礼服还兼做朝服使用，贵人的助蚕礼服也为深衣式礼服，公卿至二千石夫人助祭时穿的礼服也为深衣制。汉代贵族妇女所穿的深衣制礼服，主要通过色彩、花纹、质地、头饰、佩饰等来表明身份、地位的不同。汉代女子所穿的深衣，衣长及地，行走的时候不会露出鞋子；衣袖有宽窄两式，袖口大多镶边；衣襟绕襟层数在原有基础上有所增加，腰身裹缠得很紧，在衣襟角处缝一根绸带系在腰臀部位，下摆呈喇叭状，能够把女子身体的曲线美很好地凸显出来。衣领是最有特色的地方，使用的是交领，而且领口很低，这样就可以露出里面衣服的领子，最多的时候可穿三层衣服，当时人称"三重衣"（图2-3-2）。

图2-3-2 汉代女子的三重衣

除了深衣之外，汉代女子仍然流行穿襦裙装。襦裙装是与深衣上下连属制所不同的另一种形制，即上衣下裳制。襦裙最早出现于战国时期，汉代因循不改，用作妇女的常服，它是中国妇女服饰中最主要的形式之一。上襦极短，只到腰间，为斜领、窄袖；裙子很长，下垂至地，裙子由四幅素绢连接拼合而成，上窄下宽，不施边缘，裙腰两端缝有绢条，以便系结，汉代襦裙装的整体形象类似今天朝鲜族的民族服装。

汉代的服饰纹样具有独特的时代特征，纹样题材多变，充满浓郁的神话色彩。纹样多以流动起伏的波弧线构成骨架，强调动势和力量；动物、云气、山岳等主题分布其中，风格浪漫而古拙；各种吉祥语铭文，如"万寿如意""长乐明光"等加饰在纹样空隙之处，寄托着人们长生不老、子孙众多等希望，是我国传统纹样的重要代表。在汉代服饰纹样中，云气纹占据了重要的地位，但偏重于以造型传达寓意，没有故事性和情节化。汉代服饰纹样的云纹有西汉前期的云气纹和东汉时期的云气与灵兽组合纹两种形式。云气纹一般以单位纹形成一个旋转中心，环绕这个主旋律线连接和穿插变体云纹及植物蔓枝纹，循环连续即构成流云飞动的云气纹样。此类纹样在马王堆、日照海曲等多处汉墓出土的织绣品中均有出现。

第二节　汉代服装的审美特征及成因

汉代是传统汉族服饰的定型时期，汉代服饰艺术包含了传统服饰文化的精髓。汉代服饰的特点主要集中在实用功能和等级划分功能方面，实用的需求决定了服饰的基本造型特征，在此基础上又极力适应社会等级制度的需要，不同等级的阶层有不同款型的衣服匹配，伴随着儒家思想的中庸、含蓄之美，其服饰制度始终贯穿着"分等级定尊卑"的礼制精神。图案装饰是汉代服饰艺术的重要部分，汉代服饰图案一改商、周代中心对称的组织形式，出现了重叠缠绕、上下穿插、四面延展的构图，善于抓住对象的结构特点，强调动势和力度的夸张，打破了现实生活的具体形象对服饰图案装饰创造的局限，以幻想和浪漫主义手法、不拘一格地对图案进行变形、提炼，形成了明快活泼、舒展流动、朴质生动的图案纹样体系。

汉代服饰的整体审美风格是肃穆凝重、质朴大方的，其制作精良，追求大气、明快、丰富、多变的格调。同时，在艺术风格的背后又始终贯穿着"分等级定尊卑"的礼制精神，作为中国封建专制集权统治形成和完善的时代，其服饰已成为等级礼法制度的一种严格标志，具有鲜明的政治功能。在这一时期，儒家思想走向国家和民族的文化核心，其伦理规范开始向社会生活的各个层面渗透，并指导着服饰及其他物质文化的发展，同时也奠定了中国汉民族服饰的艺术风格。所谓"非其人不得服其服"维护的是汉代社会等级中人与人之间贵与贱、上与下的排列秩序，也正是这些服饰的差异，反映了汉代的服饰文化和当时"贵贱有级、职位有等"的社会制度，体现了"尊卑有序、上下有别"的原则，成为明贵贱、别等级的封建帝制的有力支柱。汉之后无论是紧随东汉风格的魏晋服饰，还是略显开放之美的唐代服饰，或是以素雅为尚的宋代服饰，甚至是满族风格的清代服饰，都不难看出，汉代服饰以其根深蒂固的儒家思想基础，尽占天时、地利、人和的优势，引领了中国两千多年传统服饰发展的方向，奠定了中国服饰发展史的基调。换言之，汉代就是传统汉族服饰的定型时期。此外，汉代的汉族服饰在当时对周边少数民族的服饰产生了很大的影响。与此同时，汉族服饰也吸收了其他民族服饰中一些元素，体现出汉民族服饰与其他民族服饰的相互渗透与融合。汉代服饰艺术作为我国传统文化的结晶，展示了当时社会文化的历史脉络，是文明进步的物质表现形式，反映了汉代人民的思想情感、体现了汉民族的艺术精神，对于我国传统服饰文化发展具有深远的影响力。

第四章

魏晋南北朝时期的服装流行与审美

东汉末年，皇室衰微，中国内部分崩离析，先后出现了三国鼎立，两晋统治阶层争权，周边的许多游牧民族乘虚而入，使得中国处于空前混乱的魏晋南北朝时期。魏晋南北朝时期，一方面战争不断，朝代更替频繁，使社会经济遭到相当程度的破坏；另一方面，战争和民族大迁徙使不同民族和不同地域的文化相互碰撞、交流，对服饰的发展产生了积极的影响。南北朝时期的胡、汉服饰文化，是按两种不同方向互相转移的。其一是属于统治阶级的封建服饰文化，魏晋时基本遵循秦、汉旧制；南北朝，一些少数民族首领初建政权之后，鉴于他们的本族传统服饰不足以炫耀其身份地位的显贵，便改穿汉族统治者所习尚的华贵服装。尤其是帝王百官，更醉心于高冠博带式的汉族章服制度，最有代表性的便是北魏孝文帝的改制。其二是在实用功能方面比汉族统治者所穿的宽松肥大的服装优越的胡服，向汉族劳动者阶层传移。魏孝文帝曾命令全国人民都穿汉服，但鲜卑族的劳动百姓不习惯于汉族的衣着，许多人都不遵诏令，依旧穿着他们的传统民族服装。魏孝文帝在推行汉服过程中，不但未能使鲜卑服饰中断流行，反而在汉族劳动人民中间得到推广，最后连汉族上层人士也穿起了鲜卑装。究其原因，就是鲜卑服装便于活动，有较好的劳动实用功能，因而对汉族民间传统服装产生了自然传移的作用。南北朝时期这种胡汉杂居，北方游牧民族服饰与汉族传统服饰并存共融的情形，构成了中国南北朝时期服饰文化的新篇章①。

第一节　魏晋南北朝时期的流行服装

魏晋南北朝上承秦汉，下启唐宋，但服装的整体风格却与前朝后代大相径庭。魏晋南北朝服饰一改秦汉的端庄稳重之风，也与唐代开放艳丽、雍容华贵的服饰风格不同。在动荡的社会背景下，魏晋南北朝服饰的整体色彩呈现暗淡的蓝绿调子，服饰造型瘦长，优雅飘逸。魏晋时期是最富个性审美意识的朝代，文人雅士纷纷毁弃礼法，行为旷逸，执着于追求人的自我精神和特立独行的人格，重神理而遗形骸，表现在穿着上往往是蔑视礼教，适性逍遥、不拘礼法，率性自然，甚至袒胸露脐。同时清谈玄学在士人之间成为一种时尚，强调返璞归真，一任自然。对人的评价不仅仅限于道德品质，而纷纷转向对人的外貌服饰，精神气质的评价，他们以服饰的外在风貌表现出高妙的内在人格，从而达到内外完美的统一，形成了一种独特的风格，即著名的魏晋风度。魏晋南北朝服装与儒学禁锢下的秦汉袍服不同，变得越来越宽松，"褒衣博带"成为是魏晋时期的普遍服装形式，其中尤以文人雅士居多。众所周知的竹林七贤，不仅喜欢穿着此装，还以蔑视朝廷、不入仕途为潇洒超脱之举。表现在装束上，则是袒胸露臂，披发跣足，以示不拘礼法。"竹林七贤"中的刘伶是最为放荡不羁的。有一次客人来访，刘伶居然也不穿衣服，就裸体见客。人们纷纷指责刘伶太无礼，刘伶却脸不红心不跳，说道："我以天地为栋宇，屋宇为裈衣，诸君何为入我裈中。"意思是说："我以天地为房子，屋子当衣裤，你跑到我裤裆里来干什么？"产生上述服饰现象的主要原因由于当时政治动荡、经济衰退，文人欲实现政治理想又怯于宦海沉浮，为寻求自我超脱和精神释放，故采取宽衣大袖、袒胸露臂的着装形式，因此形成了"褒衣博带"的服装样式。魏晋时期，人们崇尚道教和玄学，追求"仙风道骨"的风度，喜欢穿宽松肥大的衣服，世称"大袖衫"。魏晋男子的大袖衫与秦汉时期袍的主要区别在于：

---

① 黄能馥、陈娟娟：《中国服装史》，中国旅游出版社1995年版，第127页。

袍有祛，即收敛袖口的袖头，而大袖衫为宽大敞袖，没有袖口的祛。由于不受衣祛限制，魏晋服装日趋宽博。《晋书·五行志》云："晋末皆冠小而衣裳博大，风流相仿，舆台成俗。"《宋书·周郎传》记："凡一袖之大，足断为两，一裾之长，可分为二。"一时，上至王公名士，下及黎民百姓，均以宽衣大袖为时尚。大袖衫分为单、夹两种样式，质料有纱、绢、布等，颜色多喜欢用白色，喜庆婚礼也服白，白衫不仅用作常服，也可当礼服①（图2-4-1）。

图2-4-1　戴漆纱笼冠、穿大袖衫的男子

漆纱笼冠是魏晋南北朝时期极具特色的流行冠式，不分男女皆可戴用。因为它是使用黑漆细纱制成的，所以得名"漆纱笼冠"。漆纱笼冠的特点是平顶，两侧有耳垂下，下边用丝带系结。制作方法是在小冠上罩经纬稀疏而轻薄的黑色丝纱，上涂黑漆，使之高高立起，里面的小冠隐约可见。东晋画家顾恺之《洛神赋图》中人物多戴漆纱

① 华梅：《中国服装史》，天津人民美术出版社2006年版，第35—37页。

笼冠。汉代的帻在魏晋时期依然流行，但与汉代不同的是帻后加高，体积逐渐缩小至头顶，时称"平上帻"或"小冠"。小冠造型前低后高，中空如桥，不分等级皆可服用。在小冠之上加黑色漆纱，即成"漆纱笼冠"。进贤冠在魏晋南北同样被广泛应用，主要作为文官的礼冠。与汉代的进贤冠不同的是，自晋代开始，将表示官阶的冠梁增加到了五梁，作为天子行冠礼时的礼冠。另外，冠的后部原本为分置的两"耳"，有加高合拢的趋势。幅巾，即不戴冠帽，只以一块丝帛束首。幅巾始于东汉后期，一直延续到魏晋，普遍流行于士庶之间。宋代诗人苏轼的《念奴娇·赤壁》中"羽扇纶巾"的纶巾，即是幅巾的一种，传说为诸葛亮发明，故名"诸葛巾"。帽子是南朝以后大为兴起的首服，主要有白纱高屋帽（宴会朝见）、黑帽（仪卫所戴）和大帽（遮阳挡风）等。

　　魏晋南北朝时期是多民族服饰展示的时期，履、屐、靴等足衣根据各民族、各个国家所处的地理位置和生活习俗的不同而各有特色。这一时期的履，在沿用汉代履制的基础上，又有一些新样式出现，无论男女、君臣，多穿用各类高头履，具体形制见顾恺之《洛神赋》中的人物形象。魏晋南北朝时期，由于南方多湿热，穿履多有不便，江南一带穿屐的现象最为普遍。木屐，《辞源》称，为前后带齿的木板鞋，鞋帮呈船形，木齿较高。据说，木屐始于晋文公，南朝时期，又出现了一种新式木屐叫"谢公屐"。谢公屐，一种前后齿可装卸的木屐，为南朝诗人谢灵运发明。谢灵运是著名的山水诗人，他极喜欢游山玩水，为了登山，自己发明制作了一双登山鞋。谢公屐与一般木屐不同的地方在于：木屐底部前后虽都有齿，但齿却是随时可抽下亦可安上。上山时抽去前齿，下山时抽去后齿，这样更平稳、舒适、省力。《宋书·谢灵运传》记载："寻山陟岭，必造幽峻，岩嶂十重，莫不备尽。登蹑常着木屐，上山则去其前齿，下山去其后齿。"谢公屐，这一小发明方便了许多文人墨客，也流传了许多年，并被写进了唐诗，李白在《梦游天姥吟留别》中有这样的诗句："脚著谢公屐，身登青云梯，半壁见海日，空中闻天鸡。"这个时期的木屐不仅用于出行，还用于家居，但在正式场合不得穿屐，访友赴宴只能穿履，否则会被认为是仪容轻慢，缺乏教养。靴，原为北方游牧民族所穿，在南北朝时期成为流行的足衣，因为靴子具有鞔长合脚的优点，自西汉以来，一直被中原地区的汉族军人穿用。

魏晋南北朝时期，两汉经学崩溃，个性解放，玄学盛行，女子服饰奢靡异常。"不如饮美酒，被服纨与素"，人们讲究风度气韵，"翩若惊鸿，矫若游龙"，服装轻薄飘逸。魏晋南北朝时期的女装承袭秦汉遗风，在传统服制的基础上加以改进，并吸收借鉴了少数民族服饰特色，创造了奢靡异常的女装风貌。服饰整体风格分为窄瘦与宽博两种倾向，或为上俭下丰的窄瘦式，或为褒衣博带的宽博式。一般妇女日常所服的主要样式有：杂裾垂髾、帔帛、襦裙等。杂裾垂髾是魏晋时期最具有代表性的女装款式，这种服装是传统深衣的变制。魏晋时期，传统的深衣已不被男子采用，但在妇女中间却仍有人穿着并有所创新。深衣的创新变化主要体现在下摆，人们将下摆裁成数个三角形，上宽下尖，层层相叠，因形似旌旗而得名"垂髾"。垂髾周围点缀飘带，作为装饰。因为飘带拖得比较长，走起路来带动下摆的尖角随风飘起，如燕子轻舞，煞是迷人，所以又有"华带飞髾"的美称。到南北朝时，人们将曳地飘带去掉，而大大加长尖角燕尾，使服装样式又为之一变。当时，人们为了追求若隐若现的飘逸效果，女装面料多采用轻软细薄的罗纱等精细的丝质面料，但是服装面料过于轻薄不能保暖，人们就将多层衣裳组合起来穿用，并在其外围一条极短的短裙进行收束，这样就出现了另外一种新式衣服——"抱腰"。曹植在《洛神赋》（图 2-4-2）中描绘了身着杂裾垂髾的女神形象："其形也，翩若惊鸿，婉若游龙。荣曜秋菊，华茂春松。仿佛兮若轻云之蔽月，飘飘兮若流风之回雪……襛纤得衷，修短合度。肩若削成，腰如约素。延颈秀项，皓质呈露。芳泽无加，铅华弗御。云髻峨峨，修眉联娟。丹唇外朗，皓齿内鲜，明眸善睐，靥辅承权。瑰姿艳逸，仪静体闲。柔情绰态，媚于语言。奇服旷世，骨像应图。披罗衣之璀璨兮，珥瑶碧之华琚。戴金翠之首饰，缀明珠以耀躯。践远游之文履，曳雾绡之轻裾。"[1]

---

[1]　芳园：《国学知识随用随查》，天津人民出版社 2015 年版，第 282 页。

图 2-4-2 穿杂裾垂髾的妇女

　　帔帛始于晋代，盛行于唐代，对后世服饰也产生了一定的影响。帔帛形似围巾，披与肩臂，然后自然下垂。魏晋时期，流行轻薄的服装，不能很好地御寒，于是，人们发明了"帔子"，出门时披在肩臂，用来挡风保暖。后来，人们发现帔帛披在肩上随风飞舞，煞是动人，便将其加长，成为一种装饰物。后世的披肩霞帔和披肩即由帔帛发展而来。魏晋南北朝时期，女子的襦裙装在承袭秦汉服制的基础上，也发生了较大的变化。上衣逐渐变短，衣身变得细瘦，紧贴身体；分斜襟和对襟两种领形，开始袒露小部分颈部和胸部；衣袖变得又细又窄，但在小臂部突然变宽；在袖口、衣襟、下摆等处装饰不同色彩的缘边；腰间系一围裳或抱腰，外束丝带。下装裙子也在有限的范围内极力创新，大展魅力，与魏晋女性柔美的形象相得益彰。有的裙子下摆加长，拖曳在地；有的裙子裙腰升高，裙幅增加，还增加许多褶裥，整个裙子造型呈上细下宽的喇叭形，这种上俭下丰的样式增加了视觉高度，给人瘦瘦长长之美感。关于魏晋南北朝时期的襦裙装形象，史书中有许多描述，如《晋书·五行志》记述："五帝泰始初，衣服上俭下丰，着衣者皆厌腰。"南梁庾肩吾《南苑还看人》诗云："细腰宜窄衣，长钗巧挟鬟。"吴均《与柳恽相赠答》诗曰"纤腰曳广袖，丰额画长蛾"等。另外，这种上俭下丰的服装样式，从这个时期出土的陶俑、壁画上也可以看到。

胡服的流行。魏晋南北朝时期，虽然汉族居民仍长期保留着自己的衣冠习俗，但是，随着民族间的交流与融合，胡服的式样也逐渐潜入汉族传统衣装中，从而形成了新的服装风貌。裤褶，原是北方游牧民族的传统服装，其基本款式为上穿短身、细袖、左衽之袍，下身穿窄口裤，腰间束革带。《急就篇》颜师古注"褶"字曰："褶，重衣之最在上者也，其形若袍，短身而广袖。一曰左衽之袍也。"① 褶作为北方少数民族服饰，与汉族传统服饰的宽袍大袖有所不同，其典型特点即是短身、左衽，衣袖相对较窄（图2-4-3）。在长期的民族大融合中，汉族人接受了褶并做了一些创新，把原本细窄的衣袖改为宽松肥大的袖子，衣襟也改为右衽。因此，今天我们从魏晋南北朝时期出土的考古资料中看到了丰富多彩的服装结构：褶既有左衽，也有右衽，还有相当多的对襟；袖子有短小窄瘦的，也有宽松肥大的；衣身有短小紧窄的，也有宽博的；上衣的下摆有整齐划一的，也有正前方两个衣角错开呈燕尾状的；等等。这些衣衽忽左忽右、袖子、衣身忽肥忽瘦、忽长忽短的服饰现象，表明了在当时民族大融合的背景下，服饰的互渗、交流现象。裤褶的下装是合裆裤，这种裤装最初是很合身的，细细的，行动起来相当利落，适合骑马奔驰和从事劳动。传到中原以后，尤其是当某些文官大臣也穿着裤褶上朝时，引起了保守派的质疑，认为这样两条细裤管立在朝堂不合体统，与古来礼服的上衣下裳样式实在是相去甚远。因此，有人想出一个折中的办法，将裤管加肥，这样立于朝堂宛如裙裳，待抬腿走路时，仍是便利的裤子。可是，裤管太肥大，有碍军阵急事。于是，便将裤管轻轻提起然后用三尺长的锦带系在膝下将裤管缚住，于是又派生了一种新式服装——缚裤。晋南北朝时期，汉族上层社会男女也都穿裤褶，脚踏长勒靴或短勒靴。这种形式，反过来又影响了北方的服装样式（见彩图3）。

---

① 黄能馥：《中国服饰史》，上海人民出版社2014年版，第200页。

图 2 - 4 - 3　穿裤褶的陶俑

　　裲裆也是北方少数民族的服装，起初是由军戎服中的裲裆甲演变而来。这种衣服不用衣袖，只有两片衣襟，《释名·释衣服》称："裲裆，其一当胸，其一当背也。"裲裆可保持身躯温度，而不使衣袖增加厚度，以使手臂行动方便。裲裆有单、夹、皮、棉等区别，为男女都用的服饰。既可着于衣内，也可着于衣外，《玉台新咏·吴歌》："新衫绣裲裆，连置罗裙里。"[1] 描写的是妇女在里面穿裲裆；《晋书·舆服志》："元康末，妇人衣裲裆，加于交领之上。"[2] 描写的是把裲裆穿在交领衣衫之外。这种服饰一直沿用至今，南方称马甲，北方称背心或坎肩（见彩图4）。

　　南北朝时期，随着胡服盛行，服饰纹样从内容到形式都发生了空前的变化。以中亚、西亚风格的纹样最有发展，如天王化身纹、宝相纹等；但这一时期的传统纹样制作技巧远不如东汉精美。魏晋南北朝

---

①　李楠：《中国古代服饰》，中国商业出版社 2015 年版，第 86 页。
②　华梅：《中国服装史》，中国纺织出版社 2007 年版，第 39 页。

时期的服饰纹样，见于文献记载的有大登高、小登高、大博山、小博山、大明光、小明光、大茱萸、小茱萸、大交龙、小交龙、蒲桃文锦、斑文锦、凤凰锦、朱雀锦、韬文锦、核桃文锦、云昆锦、杂珠锦、篆文锦、列明锦、如意虎头连壁锦、绛地交龙锦、联珠孔雀罗等。从这些锦名可知，有一部分纹样承袭了东汉的传统，有一部分则是吸收了外来文化的结果。

第二节　魏晋南北朝时期服装的审美特征及成因

玄学作为魏晋南北朝时期的主要哲学思想体系，对当时的服饰文化产生了深远的影响，无论在着装的思想意识方面，还是服装款式的表现形式上，都有鲜明的体现。魏晋南北朝服饰一改秦汉端庄稳重之风格，追求"仙风道骨"的飘逸和脱俗，形成独特的褒衣博带之势。当时，褒衣博带成为上自王公贵族下至平民百姓的流行服饰，男子穿衣袒胸露臂，力求轻松、自然、随意的感觉；女子服饰则长裙曳地，大袖翩翩，饰带层层叠叠，表现出优雅、飘逸之美。另外，佛教对魏晋南北朝服饰也产生了一定的影响。佛教自两汉传入中国后，在魏晋南北朝时期得以兴盛，对当时的服装形制和服饰纹样产生了影响，许多西域的动植物纹样出现在服装面料上，女子的面妆也受到佛教造像的影响出现了新样式。

魏晋南北朝时期是中国政治上最混乱、社会上最痛苦的时代，然而却是精神史上极自由、极解放，最富于智慧、最浓于热情的一个时代，因此也是最富有艺术精神的一个时代。三国时期持续的大动乱以及中央政权的解体，使人们开始思索汉帝国宣扬的儒家王道的神圣性，生存状况的危机上升为一个普遍的问题，复杂的社会背景，改变了汉代统一的造物艺术风格，致使多元美学思想得以形成。从儒学转向道学，源于对人的存在和价值的痛苦的感伤和思索。玄学通过"名教"和"自然"关系的讨论，进一步调和"儒道"。在此影响下的服饰艺术高度重视审美，服饰艺术的表现力也异常丰富。随着魏晋时期佛教画的大量传入，印度人生活中常见的花卉代替了汉及以前的神兽并作为母题成为装饰的主流。同时，佛学和玄学相互补充也促进了二者的发展。佛教在西汉时就已传入中原，但受到中国奉行孝道和君权集中的主流思想观念影响而得不到推广。魏晋时期，佛教描绘的来世彼岸给饱受战乱痛苦的人们以精神上的解脱，得到了广泛的传播。佛学的"空无"与玄学的"虚无"是二者在认识论上的共同点。例如，从造物装饰上看，青瓷的颜色给人以淡泊明净的感受，同时符合佛学思想和魏晋士人的审美心态；"莲花纹"和"忍冬纹"的装饰，是佛教和玄学结合后产生的中国式纹样，莲花"出淤泥而不染"的自然品格也符合士人清高自任的人格追求，多元的文化思想和宗教与审美因而在一定程度上得以结合。中国的传统造物艺术在汉以前尚未脱离上古的神秘色彩和古拙情调。魏晋时期，由于政治、经济文化的发展，与外民族产生了大融合，开始展现出新的面貌。以佛教为主的外来文化传入对服饰艺术产生了重要影响；汉文化南迁后糅合了北方的工艺美术特点形成了自己的风格，有着自己的功能要求及法则；而魏晋时期思想意识丰富，文化和艺术又注重人的本体不受宗教限制，使人重视本体生命价值，并使服饰艺术具有强烈的世俗性。各种服饰艺术风格的并存，有选择、有条件地融合，在时代和传统的围绕中显出相对自由的特征。在汉代的很多织锦上，龙形图案采取横向穿插连续的方法，每一带式单位的长度，往往就是整个织物幅面的宽度，纹样和文字通常也只有一个正向。到了唐代，以花鸟为崭新主题的染织作品中的花形多作正平面、"团花"式的表现，而且是花中有叶，叶中有花，显得格外丰富茂密、圆浑丰满。这些图案中的散点构成，使主体的大小交错，圆方相辅，重复的间距大，显得多样而灵活，且气势磅礴，成为中国富有民族特色的传统图案构成形式。而唐代这种"团花散点"的构成实际上是南北朝以来流行的花卉图案与传统的鸟兽等图案结合起来的结果。花卉题材的发展也说明人们在审美领域逐渐摆脱宗教意义和神化思想的束缚，而以自然花草作为欣赏对象，获得了思想上的解放。对待外来文化，魏晋南北朝时期是以中国特有的传统哲学和时代精神去主动吸收、有机融合的，因此也形成了魏晋时期的服饰审美风格。

第五章

唐代的服装流行与审美

唐代的经济得到极大的发展，出现了空前繁荣的景象。唐代的文学艺术空前繁荣，律诗、书法、洞窟艺术、工艺美术、服饰文化都在华夏传统的基础上，吸收融合域外文化而推陈出新。唐代疆域广大，政令统一，物质丰富，对外交流频繁，长安是当时最发达的国际性城市。唐代国家强盛，人民充满着民族自信心，对于外来文化采取开放政策，外来异质文化成为大唐文化的补充和滋养，使唐代服饰呈现雍容大度，百美竞呈的气象。

第一节　唐代的流行服装

唐代的服装基本因袭隋朝旧制，凡是从祭的祭服和参加重大政事活动的朝服与隋代基本相同，而形式上则比隋代更富丽华美。一般场合所穿的公服和平时燕居的生活常服，则吸收了南北朝以来在华夏地区已经流行的胡服——特别是西北鲜卑民族服装以及中亚地区国家服装的某些成分，使之与华夏传统服装相结合，创制了具有唐代特色的服装新形式。圆领袍衫、幞头、革带、长勒皂革靴配套，是唐代男子的主要服装样式。虽然，唐代男装服式相对女装较为单一，但是在服色上却有详细严格的规定。圆领袍衫，又称团领袍衫，属上衣下裳连属的深衣制，一般为圆领、右衽，领、袖及衣襟处有缘边，前后衣襟下缘各接横襕，以示下裳之意。文官衣略长而至足踝或及地，武官衣略短至膝下。袖有宽窄之分，多随时尚而变异，有单、夹之别。穿圆领袍衫时，头戴幞头，足蹬长靿皂革靴，腰束革带，这套服式一直延至宋明（图2-5-1）。由于圆领袍衫简单、随意，同时还包含了对上衣下裳祖制继承的含义，不失古礼，在当时深受欢迎，上自天子、下至百官士庶咸同一式。但是，由于袍服过于简单，使得中国古代服饰中的等级制度，难以像冕服那样明显地分辨出来。于是，唐代官员的袍服主要以颜色来区分等级。在唐以前，黄色上下可以通服，例如隋朝士卒服黄。唐代认为赤黄近似日头之色，日是帝皇尊位的象征，"天无二日，国无二君。"故赤黄（赭黄）除帝皇外，臣民不得僭用，把赭黄规定为皇帝常服专用的色彩。唐高宗李治（650—683）初时，流外官和庶人可以穿一般的黄（如色光偏冷的柠檬黄等），至唐高宗中期总章元年（668），恐黄色与赭黄相混，官民一律禁止穿黄。从此黄色就一直成为帝皇的象征。唐高祖曾规定大臣们的常服，亲王至三品用紫色大科（大团花）绫罗制作，腰带用玉带钩。五品以上用朱色小科（小团花）绫罗制作，腰带用草金钩。六品用黄色（柠檬黄）双钏（几何纹）绫制作，腰带用犀钩。七品用绿色龟甲、双巨、十花（均为几何纹）绫制作，带为银铐（环扣）。九品用青色丝布杂绫制作，腰带用瑜石带钩。唐太宗李世民（627—649）时期，四方平定，国家昌盛，他提出偃武修文，提倡文治，赐大臣们进德冠，对百官常服的色彩又做了更细的规定。据《新唐书·舆服志》所记，三品以上袍衫紫色，束金玉带，十三铐。四品袍深绯，金带十一铐。五品袍浅绯，金带十铐。六品袍深绿，银带九铐。七品袍浅绿，银带九铐。八品袍深青，九品袍浅青，瑜石带八铐。流外官及庶人之服黄色，铜铁带七铐（总章元年又禁止流外官及庶人服黄，已见上述）。唐高宗龙朔二年（662）因怕八品袍服深青乱紫，改成碧绿。唐代品色服制的正式确立，为中国古代官服制度增加了新的内容，成为继冕服和佩绶制度后第三种能有效区分等级的服饰标志，并且也直接影响到了后世——宋、辽、元、明代的服饰制度。

　　唐代男子流行戴幞头。幞头，又名软裹，是一种用黑色纱罗制成的软胎帽。相传始于北齐，始名帕头，至唐始称幞头。初以纱罗为之，至唐代，因其软而不挺，乃用桐木片、藤草、皮革等在幞头内衬

图2-5-1 圆领袍衫与幞头

以巾子（一种薄而硬的帽子坯架），保证裹出固定的幞头外形。唐封演《封氏闻见记》卷五："幞头之下别施巾；象古冠下之帻也。"裹幞头时，除了在额前打两个结外，又在脑后扎成两脚，自然下垂。后来，取消前面的结，又用铜、铁丝为干，将软脚撑起，成为硬脚。唐时皇帝所用幞头硬脚上曲，人臣则下垂，五代渐趋平直。幞头名称依其式样演变而定，开始是平头小样，《旧唐书·舆服志》谈到唐高祖武德时期流行"平头小样巾"。以后幞头造型不断变化，武则天赐给朝贵臣内高头巾子，又称为"武家诸王样"。唐中宗赐给百官英王踣（bó 箔，仆倒）样巾，式样高踣而前倾。唐玄宗开元十九年（731）赐给供奉官及诸司长官罗头巾及官样巾子，又称官样圆头巾子。到晚唐时期，巾子造型变直变尖。幞头由一块民间的包头布演变成衬有固定的帽身骨架、展角造型完美的乌纱帽，前后经历了上千年的历史，直到明末清初才被满式冠帽所取代。

　　唐代是中国封建社会的极盛期，经济繁荣，文化发达，对外交往频繁，世风开放，加之域外少数民族风气的影响，唐代妇女所受束缚较少。在这独有的时代环境和社会氛围下，唐代妇女服饰，以其众多的款式，艳丽的色调，创新的装饰手法，典雅华美的风格，成为唐文化的重要标志之一。在唐代三百多年的历史中，最流行的有"襦裙服""女着男装"和"女着胡服"三种风格的服装。

　　初唐的女子服装，大多是上穿窄袖衫或襦，下着长裙，腰系长带，肩披帔帛，足着高头鞋，这是该时期女子服装主要时尚样式。窄袖的襦、衫，身长仅及腰部或及脐，领子造型比较丰富，应用较普遍的有圆领、方领、鸡心领、直领、斜领、双弧领、翻领，还有许多种异形领。领口开得既大又低，使胸部直接袒露于外；后来，衣领越开越大，直到一字敞开领，使着衣者肩、胸、背全部外露，十分自由开放。所谓"粉胸半掩疑暗雪""长留白雪占胸前"吟咏的就是这种装束。下面所穿的瘦长的裙子往往拖地，裙腰高及胸上或乳部，有时还在窄袖衫外罩穿一件半袖短衫，称"半臂"。这种风格的襦裙装给人的视觉印象是修长动人、衣着轻盈俏丽，再加之帔帛相配，使初唐女子服饰形成了一种轻盈飘逸、仙来神往的风格，这种风格对后世与邻国有较大的影响，并成为后世流行风尚不断转换的风格之一（见彩图5—6）。半臂与帔帛是襦裙服的重要组成部分，半臂，又称"半袖"，是一种从短襦脱胎出来的服饰，因其袖长介于长袖与裲裆之间，故名半臂。一般为对襟，衣长与腰齐，并在胸前结带。样式还有"套衫"式的，穿时由头套穿。半臂下摆，可显现在外，也可以像短襦那样束在裙腰里面。帔帛，又称"画帛"，通常由一轻薄的纱罗制成，上面印画图纹。长度一般为2米以上，用时将它披搭在肩上，并盘绕于两臂之间。走起路来，不时飘舞，十分美观。从传世的壁画、陶俑来看，穿着这种服装，里面一定要穿内衣（如半臂），而不能单独使用（见彩图7）。

　　唐代女子还喜欢穿袒胸大袖衫，又称"明衣"，因其薄而透明，故得名。明衣原为礼服的一部分，用薄纱制成，穿着于内。至唐代，被当作外衣，肌肤若隐若现，使得唐代女子平添了几分风韵与性感。唐代女子的裙装，是腰高至胸部，袒露胸背，裙长曳地，造型瘦俏，可以充分展现女子的形体美（见彩图8）。从唐代壁画中可以看到唐代女子穿裙亭亭玉立的秀美形象。裙的色彩以绯、紫、黄、青等为流行，其中又以石榴红裙流行时间最长，李白有"移舟木兰棹，行酒石榴裙"，白居易有"眉欺杨柳叶，裙妒石榴花"，万楚五有"眉黛夺得萱草色，红裙妒杀石榴花"，武则天《如意娘》诗曰："不信比来长下泪，开箱验取石榴裙。"后来，"石榴裙"就被当作妇女的代称。直至今日，我们仍可听到"拜倒在石榴裙下"。当时，石榴裙流行范围之广，可见《燕京五月歌》中的记载："石榴花发街欲焚，蟠枝屈朵皆崩云，千门万户买不尽，剩将儿女染红裙。"另外，还有众多间色裙，其中，襕裙、花笼裙和百鸟裙是较有代表性的裙式。襕裙是由两种或两种以上色彩的裙料互相拼接缝制而成的一种长裙，以幅多为时尚。"花笼裙"，是用一种轻软细薄而且透明的丝织品，即单丝罗，上饰织纹或绣纹的花裙，罩在其他裙子之外穿用。唐中宗时，安乐公主的百鸟裙，更是中国织绣史上的名作，其裙子以百鸟毛为之，白昼看一色，灯光下看一色，正看一色，倒看一色，且能呈现出百鸟形态，可谓巧匠绝艺。一时富贵人家女子竞相仿效，致使"山林奇禽异兽，搜山荡谷，扫地无遗"。

女着男装在中国封建社会中是较为罕见的现象，《礼记内则》曾规定："男女不通衣服。"女子穿男装，被认为是不守妇道。在气氛非常宽松的唐代，女着男装蔚然成风。女着男装，即女子全身仿效男子装束，这是唐代女子服饰的一大特点。《新唐书·五行志》载："高宗尝内宴，太平公主紫衫玉带，皂罗折上巾，具纷砺七事，歌舞于帝前，帝与后笑曰：'女子不可为武官，何为此装束'。"面对太平公主穿着全副男子武官服饰，唐高宗和武则天均取欣赏的态度。女着男装之风尤盛于开元天宝年间，《中华古今注》记："至天宝年中，士人之妻，著丈夫靴衫鞭帽，内外一体也。"[1] 唐代女着男装的现象还可从历史文物反映出来，唐高祖李渊孙妇金乡公主的墓葬，出土了大批珍贵文物，其中两件女性骑马狩猎俑尤为醒目。两件女俑神情生动，英武而不失温婉，特别是两狩猎俑的服饰都是身穿白色圆领窄袖

---

① 张亮采：《中国风俗史》，中国文史出版社2015年版，第119页。

缺胯袍，腰系搭链，足蹬黑色的鞦靴，一身典型的男儿装束。此外，唐永泰公主墓、韦项墓石椁线刻画中也出现了女着男装的形象，在洛阳还出土了唐代女着男装的陶骑俑，这些女着男装的妇女有些穿缺胯袍，但头上仍露出高髻；有些身上穿着袍，头上裹幞头，但袍下仍是花裤或女式线鞋；有些上下俨然男装，但是，从面容、身态等，仍明显地透露出女性的柔媚。唐画家张萱《虢国夫人游春图》中九个骑马随行的女子中，有五人穿的是男式圆领袍衫、长裤、靴子，头裹幞头。女着男装使本来已经色彩缤纷的唐代女装更加富有魅力，唐代女着男装的服饰现象，是大唐文化博大精深、包容开放的具体表现。

女着胡服也是唐代妇女的流行时尚。胡服的特征是翻领、窄袖、对襟，在衣服的领、袖、襟、缘等部位，一般多缀有一道宽阔的锦边。唐代妇女所着的胡服，包括西域胡人装束及中亚、南亚异国服饰，这与当时胡舞、胡乐、胡戏（杂技）、胡服的传入有关。当时，胡舞成为人们日常生活中的主要娱乐方式。唐玄宗时酷爱胡舞、胡乐，杨贵妃、安禄山均为胡舞能手，白居易《长恨歌》中的"霓裳羽衣曲"与霓裳羽衣舞即是胡舞的一种。由于对胡舞的崇尚，民间妇女以胡服、胡帽为美，于是形成了"女为胡妇学胡妆"的风气，元稹诗："自从胡骑起烟尘，毛毳腥膻满城洛，女为胡妇学胡妆，伎进胡音务胡乐……胡音胡骑与胡妆，五十年来竞纷泊。"在陕西长安韦项墓石椁装饰画中的妇女形象，为头戴锦绣浑脱帽，身穿翻领窄袖紧身长袍，条纹小口裤，脚蹬透空软棉靴（图2-5-2）。另外，唐代还流行一种叫作回鹘装的胡服。花蕊夫人《宫词》中有"回鹘衣装回鹘马"之句，反映了当时妇女喜好回鹘衣装的情况。在甘肃安西榆林窟壁画上，至今还可以看到贵族妇女穿着回鹘衣装的形象。从图像上看，这种服装略似长袍，翻领，袖子窄小，衣身宽大，下长曳地，多用红色织锦制成，在领、袖等处都镶有宽阔的织锦花边。头梳椎状回鹘髻，戴珠玉镶嵌的桃形金凤冠，簪钗双插，耳旁及颈部佩戴金玉首饰，脚穿笏头履。回鹘装的造型与现代西方某些大翻领宽松式连衣裙相似，是中国古代服饰文化融合希腊、波斯服饰文化的产物（见彩图9）。

图 2 - 5 - 2　女着胡服

　　唐代舞乐空前盛行，西域传入的流行舞蹈，使唐代舞蹈服装也带有强烈的异族风貌，唐代诗人吟诵讴歌的《柘枝舞》《胡旋舞》和《胡腾舞》均是对胡舞描述。白居易的《柘枝妓》中有："紫罗衫动柘枝来，带垂钿胯花腰重"，张祜的《周员外席上视柘枝》中有："金丝蹙雾红衫薄，银蔓垂花紫带长"，《观杨瑗柘枝》中有："卷檐虚帽带文垂，紫罗衫宛蹲地处，红锦靴柔踏节时"，《李家柘枝》中有："红铅拂脸细腰人，金绣罗衫软著身"，《感王将军柘枝妓殁》中有："鸳鸯钿带抛何处，孔雀罗衫付阿谁?"等描述。柘枝舞的基本服装是身穿红色或紫色刺绣或手绘的窄袖罗衫，头戴珠玉刺绣卷檐虚帽，足蹬红锦靴。唐代舞服的设计追新求异，形式众多，在唐代洞窟壁画、雕塑、陶俑和绘画中保存着丰富的形象资料（见彩图10）。

　　唐代女子的首服也是丰富多彩，在不同的时期分别流行不同的样式，主要有幂篱、帷帽、胡帽等。幂篱本为缯帛制成的长巾，可将头、脸及全身掩盖，《中华古今注》载："幂篱，类今之方巾，全身障蔽，缯帛为之。"幂篱之制来自北方民族，因为风沙很大，故用布连面带体一并披上，前留一缝，可开可合。初唐女子出门时，为免生人见到容貌戴幂篱。贞观中叶以后，随着对外交往的扩大，西域及邻国商人、留学生纷纷来唐，其异国情调的装束引起唐朝人浓厚的兴趣。一种高顶阔边、帽檐下垂有一圈透明纱罗的帷帽，成为妇人乘车骑马时遮挡风尘的装饰，代替了原来繁复不便的幂篱。《旧唐书·舆服志》记："贞观之时，宫人骑马者，依齐隋旧制，多着幂篱，虽发自戎夷，而全身障蔽，不欲途路窥之。王公之家，亦同此制。永徽之后，皆用帷帽，拖裙到颈，渐而浅露。"《说文解字段注》记："帷帽，如今席帽，周围垂网也。"开元年间，宫人乘车骑马，均戴帷帽，天宝年间，妇女干脆连帷帽也不戴了，直接在外骑马飞奔（图2-5-3）①。浑脱帽是胡服中首服的主要形式，最初是游牧之家杀小牛，自脊上开一孔，去其骨肉，而以皮充气，谓曰皮馄饨。至唐人服时，已用较厚的锦缎或乌羊毛制成，帽顶呈尖形，如"织成蕃帽虚顶尖""红汗交流珠帽偏"等诗句，即写此帽。

图 2 - 5 - 3　唐代戴帷帽的女子

---

① 冯盈之：《古代中国服饰时尚 100 例》，浙江大学出版社 2016 年版，第 94 页。

唐时虽开始崇尚小脚，但女子仍为天足，故鞋履样式与男子无大差别。唐代妇女最典型的时尚鞋履，是继魏晋南北朝发展演变而出现的高头履，其特征是履头高翘，按履头形式可分云头履、重台履、雀头履、蒲草履等。云头履，是一种高头鞋履，以布帛为之，鞋首絮以棕草，因其高翘翻卷，形似卷云而得名，男女均可穿着。新疆阿斯塔那唐墓出土的唐代云头锦履，以变体宝相花纹锦为面料，由棕、朱红、宝蓝色洒线起斜纹花，宝相花处于鞋面中心位置，鞋首以同色锦扎成翻卷的云头，平底，做工精致，此履为妇女所穿（见彩图11）。重台履，也是一种高头鞋履，履头高翘，又在上部加重叠山状，顶部为圆弧形，男女均可穿着。唐代与西北各族的交往频繁，西域民族的服饰也影响了汉族服饰，使唐代的鞋样有了新的变化，时尚女子常用彩色皮革或多彩织锦制成尖头短靴，有的还在靴上镶嵌珠宝。

唐代服饰纹样呈现出自由、奔放、富丽、华美的特点。唐代的经济、文化处于中国封建社会的鼎盛时期，统治阶级开明的意识使唐代形成了能够容纳不同思想意识的文化形态，对各国文化采取了广收博采的态度。唐代的文化艺术无论是在形式上还是在内容上，都呈现出前所未有的绚丽多彩，服饰更是表现出多种文化的碰撞与交融，传统风格、自然风格、西域风格、宗教风格等多种风格相互影响，多样而统一，服饰及织物装饰纹样的风格呈现出自由、奔放、富丽、华美的特点。唐代的织、染、印、刺绣等制作工艺都已十分发达，织物品种花式丰富多彩，织造精巧，其精美程度可称当时同类产品的世界之最，在世界上享有盛誉，唐代绘画作品中的"绮罗人物"真实地反映了当时服饰织物的华美。唐代服饰织物的艺术风格以富丽绚烂、流畅圆润为特征，装饰纹样以动物、花卉所占比重最大，鸟兽成双，左右对称，花团锦簇，生趣盎然。其中，最具时代特色的"联珠纹"以及因章彩绮丽而广为流行的"陵阳公样"深受西域波斯文化的影响，其设计对象以动物为主，有对马、对狮、对羊、对鹿、对凤等，动物成团状，与联珠纹合用。同时，还流行团花纹样，这种图案多以植物花草为主，组织结构大而饱满，从唐代《簪花仕女图》人物的服装中就能看到这种典型纹样。唐代服饰纹样由于受佛教思想的影响，装饰图案以富丽的宝相牡丹图案最为盛行。宝相花源于佛教，佛家称佛像为"宝相"，宝相花的装饰造型源于莲花，但在唐代其形却更似牡丹。牡丹在唐代有国色天香之美誉，在唐代织锦中，牡丹花呈团花状，纹样层次丰富，花型华丽而饱满，线条圆润流畅，舒展自由而生气蓬勃，装饰性极强。唐代推崇牡丹，因其代表唐代富丽华美的审美倾向，唐代服饰图案的宝相花更是吸收牡丹、莲花等花型特点，成为富贵吉祥的象征。从敦煌莫高窟的彩塑和壁画中的服饰图案，可以领略唐代表现自由、丰满、华美、圆润的服饰纹样以及注重对称的装饰艺术效果。

纵观唐代女子服饰，无论是妩媚的上衫下裙、酷意十足的仿男装，还是标新立异的胡服，都很好地引领了当时的风尚，不但是当时社会的时尚风向标，而且对现代社会女性的着装风格和审美倾向也产生了影响。

第二节　唐代服装的审美特征及成因

唐代服饰是在我国传统服饰的基础上，融合了各少数民族甚至外国民族服饰文化得以形成的，唐代独特的经济社会条件、时代背景造就了唐代独特的服饰流行。唐代服饰质料精美、款式别致、图案精美，呈现出一种对生命的回味与反思，散发出耀眼的光芒，对我国后世的服饰文化具有引领作用。

初唐时期的服装呈现出自然清新的审美特点，这与唐代统治者所信奉的老庄思想具有密切关联。唐代统治者以老庄思想为宗，崇尚不经人工雕琢的道家之美，追求"天真"之法。受这些观念的影响而形成的审美理念对服饰审美具有决定性影响，在服饰的造型设计以及色彩选择方面均追求清新、自然之美。在造型和颜色方面，喜欢用自然界中的造型和颜色对服装进行设计，或将此作为设计服装的灵感源泉。初唐的服装图案和选材也体现出一种自然、简单的特色，构图喜欢以花卉作为素材，服饰中的花卉也并非雍容华贵的形象，而是以清淡的色彩和淡雅的妆容、简单自由的图案勾勒出清新自然的形象。盛唐时期的服装呈现出华贵丰美的审美特点。"以肥白为美"的审美文化就是在盛唐时期形成的。进入盛唐后，随着唐代经济社会的长足发展，唐王朝和周边国家、周边少数民族之间的关系往来更为密切，整个唐朝社会从整体上呈现出一种高度的自信，这就使唐朝统治者的心态更加开放，在政治方面、政策方面以一种兼容并包的姿态处理国内国外关系，对唐人的思想观念产生了重大影响。在此背景下，唐人的思想观念得到逐步解放，许多旧有的观念、旧有的文化和思想在开放的环境当中得到解放和改变。在新的经济发展态势和社会发展形势下，唐人的审美思想也呈现出包容、开放的特点，此种变化甚至可以从唐代女性身体的暴露程度当中体现出来。自古以来，儒家思想对女性的穿衣有着深远的影响，中国传统女性的服饰以保守为美。而唐人的思想却空前解放，女性以轻如薄翼的服饰暴露肥白的身体美。中晚唐时期服装呈现绚丽诡异的审美特点。中晚唐时期，由于安史之乱等重大历史事件对唐王朝造成了沉重的打击，初唐和盛唐时期开放兼容的姿态、傲视一切的雄心和自信逐步被改变，此时的唐人已经无法拥有盛唐时期那种浪漫、激烈和蓬勃的热情，人们不再像盛唐时期那样自信，空虚和彷徨成为人们生活的主要基调。在这样的背景之下，中晚唐时期服饰审美也不再像盛唐时期那样体现出开放和雍容华贵的特色，人们在服饰方面的审美风格也产生了极大的变化，唐人将其内心深处的彷徨无奈、忧愁寄托在诗书画和服饰当中。在服饰上人们追求一种新奇绚丽，此时服饰更长、更宽，女性服饰暴露的程度更为夸张，统治者曾经通过法令规范人们——尤其是女性的着装。此外，由于各种因素的综合影响，中晚唐时期还出现了一种以丑为美、以怪为美的诡异的服饰现象。以丑为美、以怪为美的服饰本质上是人们对社会动荡的一种发泄方式。

第六章

宋代的服装流行与审美

960 年，宋太祖在陈桥兵变中获得政权后，只考虑到赵家政权的得失，利用杯酒释去众将手中的兵权。而到了宋朝不得不面对辽、金、西夏等游牧民族武力入侵的时候，无力与之抗衡，只得大量攫取民间财物向异族统治者称臣纳贡，换取暂时的和平，最后偏安江南，继而被蒙古统治者灭亡。在危急时刻，宋朝统治阶级不是变革图强的政策，而是强化思想控制，进一步从精神上奴化人民。在这种背景下，出现了程朱理学和以维护封建道统为目的的聂崇义《三礼图》。宋代的整个社会文化趋于保守，"偃武修文"的基本国策，使"程朱理学"占统治地位，主张"言理不言情"。在这种思想的支配下，人们的美学观念也发生了变化，整个社会舆论主张服饰不应过分豪华，而应崇尚简朴，尤其是妇女的服饰，更不应该奢华。朝廷也曾三令五申，多次申明服饰要"务从简朴，不得奢侈"，从而使宋代服装具有质朴、理性、高雅、清淡之美。

第一节　宋代的流行服装

宋代重视恢复旧有观念的冠服制度，从《宋史·舆服志》所提到的几次重大的服制改革中，可以看出这种倾向。宋代民间服饰则在自给自足的经济基础上，充分运用刺绣、手工印染等方法进行美化装饰。另外，质朴明朗的蓝印花布服装（药斑布）在宋代民间盛行。宋代百官的朝服由绯色罗袍裙、衬以白花罗中单，束以大带，再以革带系绯罗蔽膝，方心曲领，白绫袜黑皮履。六品以上官员挂玉剑、玉佩。另在腰旁挂锦绶，用不同的花纹做官品的区别。着朝服时戴进贤冠、貂蝉冠（即笼巾，宋代笼巾已演变成方顶形，后垂披幅至肩，冠顶一侧插有鹏羽）或獬豸冠。并在冠后簪白笔，手执笏板①（图2-6-1）②。宋代官员穿着朝服，项间必套一个上圆下方，形似璎珞锁片的饰物。这个饰物，被称作"方心曲领"，实际在功能上用以防止衣领臃起，起压贴的作用③。宋代官员在朝会、公务等场合常穿公服，样式为圆领大袖，腰间束以革带，头上佩戴幞头，脚登靴或革履。其中，革带是官职标志之一，凡绯紫服色者都加佩鱼袋。宋代常服承袭唐代以服色来区别官职大小的服制，三品以上用紫，五品以上用朱，七品以上绿色，九品以上青色。北宋神宗元丰年间（1078—1085）改为四品以上紫色，六品以上绯色，九品以上绿色（图2-6-2）④。

图2-6-1　穿朝服的皇帝

图2-6-2　宋太祖赵匡胤公服像

① 黄能馥、陈娟娟：《中国服装史》，中国旅游出版社2001年版，第196页。
② 上海市戏曲学校中国服装史研究组：《中国历代服饰》，学林出版社1984年版，第171页。
③ 袁仄：《中国服装史》，中国纺织出版社2006年版，第79页。
④ 上海市戏曲学校中国服装史研究组：《中国历代服饰》，学林出版社1984年版，第171页。

幞头是宋代官员常服的首服，宋代幞头和唐代幞头相比有所创新，最明显的变化是幞头的两脚。宋代幞头已由唐代的软脚发展为各式硬脚，且以直脚为多，两脚左右平直伸展并加长，每个幞脚最长可达一尺多，这种两脚甚长的幞头成为宋代典型的首服式样。据说宋代使用这种幞头是为了防止官员上朝交头接耳。官员们戴上这种左右伸展得很长的直角幞头上朝，必须身首端直，稍有懈怠，就会从两个跷脚上反映出来。当然，群臣之间若在朝上交头接耳、私下议论些什么，两翅更会随着身体的微微晃动而晃动，容易被发现。元代俞琰《席上腐谈》记载："宋又横两角，以铁线张之，庶免朝见之时偶语。"① 另外，宋代幞头内衬木骨，取代唐代的藤草内衬，然后外罩漆纱，做成可以随意脱戴的幞头帽子，平整美观。宋代幞头种类繁多，《梦溪笔谈》卷一说："本朝幞头有直脚、局脚、交脚、朝天、顺风，凡五等，唯直脚贵贱通服之。"直脚又名平脚或展脚，即两脚平直向外伸展的幞头；局脚是两脚弯曲向上卷起的幞头；交脚是两脚翘起于帽后相交成为交叉形的幞头，为仆从、公差或卑贱者服用；朝天是两脚自帽后两旁直接翘起而不相交的幞头；顺风幞头的两脚则顺向一侧倾斜，呈平衡动势。此外，还有一种近似介帻与宋式巾子的幞头，名为曲翅幞头；另有不带翅的幞头，为一般劳动人民所戴；再有取鲜艳颜色加金丝线的幞头，多作为喜庆场合（如婚礼）戴用。

宋代统治者对广大下层劳动人民的衣着也有严格的规定，素称"百工百衣"。据《宋史·舆服志》载，太平兴国七年（982）诏令："旧制，庶人服白。今请……庶人通许服皂。"可见宋初平民要穿黑衣，还得下诏特许，一般只能穿白色粗麻布衣。端拱二年（989）诏令："县镇场务诸色公人并庶人，商贾，伎术，不系官伶人，只许服皂白衣。"这是说那些职位低下的小公务员、平民、商人、杂技艺人，宋初一律只许穿着黑白二色，不能随便穿着杂彩丝绸。另有孟元老《东京梦华录》记："有小儿子着白虔布衫，青花手巾，挟白磁缸子卖辣菜……其士、农、商诸行百户衣装，各有本色，不敢越外。香铺裹香人，即顶帽，披背。质库掌事，即着皂衫角带，不顶帽之类，街

---

① 缪良云：《中国衣经》，上海文化出版社 2000 年版，第 130 页。

市行人便认得是何色目。"宋代平民的衣着，可从北宋末年张择端所画的《清明上河图》中的人物形象进行了解。此图共画了 1643 个人物，图中无论是用竹竿撑船的人，还是用长竿钩桥梁的人，以及抛麻绳挽船的人，衣服均短不及膝或仅及膝。部分交领衣用绦带束腰，巾裹没有一定规格，有些是椎髻露顶。脚下一般多穿草鞋或麻鞋。这幅画大约完成于宣和年间（1119—1125）。图中人物装扮，大概是北宋劳动人民衣饰的写实。至于农民，平时则多幅巾束发，穿背心，短裤，赤足。

宋代命妇的服饰依男子的官服而厘分等级，各内外命妇有礼衣和常服。命妇的礼衣包括袆衣、褕翟、鞠衣、朱衣和钿钗。皇后受册、朝谒景灵宫、朝会及诸大事服袆衣；妃及皇太子妃受册，朝会服褕翟；皇后亲蚕服鞠衣；命妇朝谒皇帝及垂辇服朱衣；宴见宾客服钿钗礼衣。命妇服除皇后袆衣戴九龙四凤冠，冠有大小花枝各 12 枝，并加左右各二博鬓（即冠旁左右如两叶状的饰物，后世谓之掩鬓），青罗绣翟（文雉）12 等（即 12 重行）外，宋徽宗政和年间（1111—1117）规定命妇首饰为花钗冠，冠有两博鬓加宝钿饰，服翟衣，青罗绣为翟，编次之于衣裳。翟衣内衬素纱中单，黼领，朱襈（袖）、襈（衣缘），通用罗縠，蔽膝同裳色，以緅（深红光青色）为缘加绣纹重翟。大带、革带、青袜，加佩绶，受册、从蚕典礼时服之。内外命妇的常服均为真红大袖衣，以红生色花（即写生形的花）罗为领，红罗长裙。红霞帔，药玉（即玻璃料器）为坠子。红罗背子，黄、红纱衫，白纱裆裤，服黄色裙，粉红色纱短衫[①]（见彩图 12）。

宋代女子服饰中，最具时代特色和代表性的是背子。背子是宋时最常见、最多用的女子服饰，贵贱均可服之，而且男子也有服用的，构成了更为普遍的时代风格。背子的形制大多是对襟，对襟处不加扣系；长度一般过膝，袖口与衣服各片的边都有缘边，衣的下摆十分窄细；不同于以往的衫、袍，背子的两侧开高衩，行走时随身飘动任其露出内衣，十分动人。穿着背子后的外形一改以往的八字形，下身极为瘦小，甚至成楔子形，使宋代女子显得细小瘦弱，独具风格，这与

---

① 黄能馥、陈娟娟：《中国服装史》，中国旅游出版社 2001 年版，第 198 页。

宋时的审美意识密切相连。宋代是中国妇女史的一个转折点，其服饰也明显地带有变化。唐代女子以脸圆体丰为美，衣着随意潇洒，出门可以穿男装、骑骏马。宋时的妇女受封建礼教的束缚甚于以往各代，较之唐代要封闭得多，不能出门，不能参与社交，受到男子的绝对控制，成为男子的附属品。所以当时女子以瘦小、病态、弱不禁风为美。背子穿着后的体态，正好反映了这一审美观，再加之高髻、小而溜的肩、细腰、窄下身、小脚，形成了十分细长、上大下小的外形，更加重了瘦弱弱的感觉，有非男子加以协助不能自立之感，正迎合大男子的心理满足①（见彩图13）。

宋代妇女下裳多穿裙，裙有两种，一种称裙，另一种称作衬裙。其样式基本保留晚唐五代遗制，有"石榴裙""双蝶裙""绣罗裙"等，其名称屡见于宋人诗文。贵族妇女，还有用郁金香草染在裙上，穿着行走，阵阵飘香。裙的颜色，通常比上衣鲜艳，多用青、碧、绿、蓝、白及杏黄等颜色。裙幅以多为尚，通常在六幅以上，中施细裥，"多如眉皱"，称"百迭""千褶"，这种裙式是后世百褶裙的前身。从文字记载和形象资料看，宋代裙子的式样比较修长，宋高承《事物纪原》云："梁简文诗'罗裙宜细裥'。先是广西妇人衣裙，其后曳地四五尺，行则以两婢前携。简（裥）多而细，名曰'马牙简'。"或古之遗制也；与汉文帝后宫衣不曳地者不同。韵书曰："裥，裙幅相摄也"，今北方尚有贴地者，盖谓不缠足之故，欲裙长以掩之也。杜牧《咏袜》诗云："五陵年少欺他醉，笑把花前出画裙。盖唐时裙长亦可以掩足也。画裙今俗盛行。"唐宋时期裙长贴地，其用意在于掩住妇女的大足。宋代沿袭唐五代旧俗，妇女有缠足的习惯，这种风俗在江南一带较为流行，中原妇女，多不缠足，但又以大脚为丑，故以长裙贴地"掩足"。穿着这种长裙，腰间还扎有绸带，并配有环绶（见彩图14）。

宋代妇女除了穿裙子之外，还穿裤。唐五代以前，多把裤子穿在袍、裙以内，至宋代，也可以穿在外面，裤的形制有两种：穿在袍、裙以内的，用开裆；直接穿在外面的，用合裆（也称为满裆裤）。这

———————

① 孙世圃：《中国服饰史教程》，中国纺织出版社1999年版，第132—133页。

种裤子的形制，从福州南宋墓出土的实物可以看到。在边远及某些兄弟民族聚居的地区，有妇女只穿长裙而不着裤子的习俗，但这只是个别现象。江休复《江邻几杂志》云："妇人不服宽裤与襦，制旋裙必前后开袴，以便乘驴。其风始于都下妓女，而士大夫家反慕仿之，曾不知耻辱如此。"中原地区只有妓女不服裤，只穿开袴旋裙，这种特殊装束虽为士大夫家所倾慕，但时俗却视之为轻薄与可耻的行为。由此可见，中原妇女服裤。但裤在古代并不被视为重要的服饰，穷苦人民也多有不穿裤的。《三国志·贾逵传》注引《魏略》云："逵世为著娃，少孤家贫，冬常无裤，过其妻兄柳孚宿，其明无何，著孚裤去，故时人谓之通健。"[1] 又刘义庆《世说新语》云："范宣洁行廉约，韩豫章遗绢百匹不受，减五十匹，复不受。如是减半，遂至一匹，既终不受。韩后与范同载，就车中裂二丈与范云：'人宁可使妇无裤（袴）邪？'范笑而受之。"[2] 这两个故事都是说穷而无裤。可见古时裤子较为次要，所以贫穷人家不论男女，衣不可不穿，裤却可以省去，这与今天人们的着装习惯正好相反。因为裤不是重要服饰，所以中国古代对裤的形制也不大讲究。但这种风俗至唐宋以后就有所改变了，唐宋以后的裤也逐渐讲究花纹装饰（见彩图15）。[3]

缠足，兴起于五代，在宋代得以发展并影响了以后各代，直至民国初期。缠足在宋代的兴起不是偶然的，理学的盛兴、孔教的森严，视女子出大门为不守妇道，所以小脚正好合适。缠足后，走路时必须加大上身相应的摆动以求得平衡，这使女子更加婀娜多姿。同时，由于缠足，女子在站立尤其是行走时就显得更加弱不禁风，正好适合当时男子对女子的审美要求（见彩图16）。所以，缠足这一影响人的正常发育、损害人身体健康的陋习，在当时中上层妇女中盛行，而乡村的妇女大多还是天然的大足。由于缠足，宋时女子穿靴的已不多见，而小脚此时穿的多为绣鞋、锦鞋、缎鞋、凤鞋、金镂鞋等，而且鞋成了妇女服饰装饰的重点，以显示其秀弱的小脚，因此鞋上带有各式美

---

① 陈寿：《三国志》，崇文书局2009年版，第221页。
② 杨荫深：《细说万物由来》，九州出版社2005年版，第150页。
③ 陈茂同：《中国历代衣冠服制》，新华出版社1993年版，第187—190页。

丽的图案。古代诗文小说中所称的"三寸金莲",就是指这种鞋子。不缠足的妇女（劳动妇女）俗称"粗脚",她们所穿的鞋子,一般制成圆头、平头和翘头等式样,鞋面同样绣有各种花鸟图纹。

第二节 宋代服装的审美特征及成因

宋代是中国封建社会承前启后的历史转折阶段,当时的哲学理论和文学思想都趋于理性化,这种理性化思潮左右了当时社会的审美标准。宋代的服饰审美具有朴实自然,清新内敛,趋于平民化的艺术特点,与唐代追求开阔恢宏、绚丽华美的艺术风格形成强烈的对比。宋代,上至贵族、文武百官,下至平民百姓,服饰都以儒雅为尚。特别是宋代的女装,突出强调含蓄温婉,明理雅致女性气质。所以表现出与唐代女子服饰截然相反的风格特征,服装由飒爽洒脱,突出女性特征转为更多的遮蔽身体,趋于拘谨和内敛。此外,在服装的造型上坚持便身利事的原则。宋代服饰在保持儒雅风格的同时注重服用便利,不失礼仪,褙子是其典型代表。一方面,褙子的腋下开衩,前后襟不缝合等细节便于活动和劳作,同时具有审美与实用的双重功能。宋代服装在用色上一反唐代的浓艳绚丽之色,力求质朴洁净,体现了宋代服饰的理性美。官方服饰大抵沿袭汉唐用色之制,一般的士庶阶层穿着的服装色彩皆素净,朴实无华。宋朝初期,平民一般只穿白色粗麻布衣,经过特许才能够使用黑色,而在士大夫文人当中,追求服装平淡简朴的审美情趣更是蔚然成风。

宋代的服饰审美直接受程朱理学的影响,但从社会存在决定社会意识的角度来讲,宋代服饰的审美特点是宋代的经济和政治,以及伴随出现的文学思想和哲学等很多因素相互作用的结果。其一是重文抑武、讲求实效的宋学精神。北宋的建立结束了唐末以来近200多年的分裂割据局面,迎来了一个政治相对稳定、经济繁荣,文化昌明的阶段。统治者为巩固皇权,推行"以文制武"的政策,极大程度上提高文臣的身份地位,促成在宋代崇尚文人雅士的社会风气。所以由文人发起的着装行为往往成为一种时尚,得以流行。同时,"重实际、讲实用、务实效"的宋学精神在宋代开一代风气,它不再以儒经为教条,而结合现实的改革,其经世致用的理想不再是诉诸空言,而是强调对民生的实际改善,这也带动人们的审美思想朝着务实简朴的方向发展。其二是宗教和艺术文化、政治等领域的融合。宋代,儒学得以复兴并与道教、佛教汇融,极大地影响了宋代文人士大夫的价值观念与处世心态。文人们在积极参与政治,寻求修身、齐家、治国、平天下道理的同时,又能以道家柔顺因循、潜隐退守的态度和佛家超脱自我的思想去对待仕途和生活中的得失荣辱,这种美学趣尚影响在服饰上,便是宋代士大夫追求平淡简朴、自然闲适的服饰审美格调的又一因素。其三是程朱理学的影响。程朱理学集儒释道三教精髓之大成,最终成为占支配地位的官方哲学。这种哲学思想从伦理纲常和道德思想上去规范人们的日常生活,主张"言理而不言情","存天理,灭人欲"。服饰装扮作为当时社会生活的侧面反映,也直接受到影响。士庶服装集中体现了自然朴实的特点,就连当时的宫廷服装也不崇尚奢华。

第七章

元代的服装流行与审美

　　大约在 7 世纪的时候，蒙古人就在今天我国黑龙江省额尔古纳河岸的幽深密林里生活着。公元 9 世纪，已经游牧于漠北草原，和原来生活在那里的突厥、回纥等部落杂处。10 世纪后，便散居成许多互不统属的部落。11 世纪时结成以塔塔儿部为首的部落联盟。经过近百年掠夺战争，最后由成吉思汗完成蒙古族的统一。在成吉思汗吞并几个少数民族政权以后，又与南宋进行了长达 40 年的战争。1260年，成吉思汗之孙忽必烈在开平（后改称上都，在今内蒙古自治区多伦北石别苏太）登上汗位，后于 1271 年迁都燕京（改称大都，今北京），建国号"元"，1279 年，元朝统一了中国。元代是蒙古民族登上世界历史舞台的一个鼎盛时期，当时的蒙古族在政治、经济、军事、文化等方面都有了空前的发展与进步，并引起了全世界的瞩目。元代的蒙古族服饰，既是当时社会物质文明的产物也是蒙古民族精神世界的展现，是他们审美心理的外化形态，呈现出了独具蒙古民族特色的审美特征。

第一节　元代的流行服装

　　蒙古族男女均以长袍为主。虽入主中原，但服饰制度始终混乱。男子平日燕居喜着窄袖袍，圆领，宽大下摆，腰部缝以辫线，制成宽围腰，或钉成排纽扣，下摆部折成密裥，俗称"辫线袄子""腰线袄子"等。这种服饰在金代时就有，焦作金墓中有形象资料，元代时普遍穿用。首服为冬帽夏笠。各种样式的瓦楞帽为各阶层男子所用（见彩图 17－18）。重要场合在保持原有形制外，也采用汉族的朝、祭服饰。元代可汗原有冬服十一，夏装十五等规定，后又参酌汉、唐、宋之制，采用冕服、朝服、公服等。男子便装大抵各从其便，元代男子公服多从汉俗，“制以罗，大袖、盘领，俱右衽”。元人宫中大宴，讲究穿质孙服，即全身服饰配套，俱用同种颜色和款式、质料。当时元人尚金线衣料，加金织物“纳石失”最为高级。元代蒙古族男子上至成吉思汗，下至国人发型，均剃“婆焦”，是将头顶“正中”及“后脑”头发全部剃去，只在前额正中及两侧留下三搭头发，如汉族小孩三搭头的样式。正中的一搭头发被剪短散垂，两旁的两搭绾成“两髻”悬垂至肩，以阻挡向两旁斜视的视线，使人不能狼视，称为“不狼儿”。

女子袍服以左衽窄袖大袍为主，里面穿套裤，无腰无裆，上钉一条带子，系在腰带上。颈前围一云肩，沿袭金俗。袍子多用鸡冠紫、泥金、茶或胭脂红等色。女子首服中最有特色的是“顾姑冠”，也叫“姑姑冠”（见彩图 19），所记文字中有所差异。主要因音译关系，无须细究。《黑鞑事略》载：“姑姑制，画（桦）木为骨，包以红绢，金帛顶之，上用四五尺长柳枝或铁打成枝，包以青毡。其向上人，则用我朝（宋）翠花或五彩帛饰之，令其飞动，以下人则用野鸡毛。”[①]《长春真人西游记》载：“妇人冠以桦皮，高二尺许，往往以皂褐笼之，富者以红绡，其末如鹅鸭，故名‘姑姑’，大忌人触，出入庐帐须低回。”[②] 夏碧牕诗云：“双柳垂髻别样梳，醉来马上倩人扶，江南有眼何曾见，争卷珠帘看固姑。”[③] 汉族妇女尤其是南方妇女不戴此种冠帽。元代金银首饰工艺精湛，山西省灵丘县曲回寺村出土的“金飞天头饰”“金蜻蜓头饰”立体感强，形象真实生动。“飞天披帛裙带飘曳，身下祥云为柄”，结构相当巧妙[④]。

元代纺织物品，除苏州曾有出土外，北京、山东等地也有发现，

---

① 余玉霞：《中外设计史》，辽宁美术出版社 2017 年版，第 63 页。
② 华梅：《中西服装史》，中国纺织出版社 2014 年版，第 56 页。
③ 汪朗：《衣食大义》，中国华侨出版社 2013 年版，第 138 页。
④ 华梅：《中国服装史》，天津人民美术出版社 2006 年版，第 84—86 页。

文献资料中更有许多记载。通过这些珍贵的历史资料，可知元代纺织绣染的情况。概括起来，大致有以下几个特点：第一，毛织物的精制。蒙古本游牧民族，定居北京以后，保留着本族生活习惯，经常出外狩猎、会盟及作战，较多使用毛料，促使对毛纺业生产的重视。故而"俪海拉""速夫"等毛织物都比前代有明显的进步。第二，织物大量镂金。无论是绫、罗、绸、缎，还是毛纺织品，大都加有金丝。第三，颜色喜用棕褐。褐色的品种明显增加，有金茶褐、秋茶褐、沉香褐、葱白褐、藕丝褐、葡萄褐等二十多种名目，上下通用，男女皆宜，帝王后妃也不例外①。

第二节　元代服装的审美特征及成因

元代服装独具蒙古民族特色。元代服装的面料材质华贵艳丽，集合了世界各地的名贵毛皮以及织锦绸缎。皮毛天然具有光泽好、绒毛丰厚、富有弹性等的特点，给人以光润华美、高贵华丽的视觉感受。元代服饰的款式特点是窄袖袍、束腰带、穿合裤、蹬皮靴。从整体看上其款式造型非常适合北方草原的自然生态环境并与之和谐统一。袍服上身、下摆及腰带在整体结构上呈现出松紧有致的节奏感和疏密相间的活跃感。袍服的这种形制恰好与游牧民族的马背生活和谐统一。上紧的款式使得骑乘于马上的上半身自由灵活，宽松的下摆则使骑乘时上下自如、毫无约束，勒紧的腰线使腰部自然挺直，使骑乘者姿态优美倍显精神抖擞、充满活力，使人体会到牧人与草原自然和谐的状态。元代蒙古族服装色彩搭配统一和谐调，色彩中还经常运用对比色的搭配，体现出服饰色彩鲜艳的美。蒙古族服饰的色彩还具有别样的寓意。色彩上的习俗，不但反映了人们在长期的生产生活中逐渐对某些色彩形成了一个约定俗成的观念，而且也体现出对它的寓意和内涵有所认同。元代蒙古族的服饰色彩多用青、白、红、绿等颜色。这些色彩的运用都有它深层的寓意和内涵。例如，青色是天空的颜色，蒙

---

① 上海市戏曲学校中国服饰史研究组：《中国历代服饰》，学林出版社 1984 年版，第 203 页。

古人敬天的思想使之有了永恒和坚贞的寓意；白色是乳汁、绒毛和白云的颜色，所以一袭白色的袍服是蒙古人的盛装。它含有神圣、纯洁、吉祥和美好的寓意；红色对于蒙古族来说是太阳和火的象征。它包含光明、幸福、胜利和热情的寓意；而绿色为茫茫草原中最为常见的颜色，有生机和生命的寓意。总之，蒙古民族服饰色彩的寓意饱含对生命力量的崇敬以及自然对心灵的净化意义，反映出蒙古民族对于哺育了自己的草原一贯的感恩之情。元代蒙古族服饰的图案是极为花样繁多、丰富多彩的。它在继承传统的基础上又博采众家之长，并以自己的审美趣味溶入服饰当中，体现出绚丽多姿的总体特征。

元代蒙古族的审美意识中对于力量的崇拜占据着重要的地位。这种意识直接继承了原始初民的力量崇拜，并且包括体力、智力、自然力以及权力等各种力量的内容。元代蒙古民族的审美意识是以整个中国古代北方民族的思想意识为大背景而逐渐积淀形成的。除了北方游牧民族传统的崇奉力量的心理之外，游牧的自然生产生活方式又使得蒙古人的审美意识中充满了对自然的崇尚心理以及与自然和谐统一的意识。元代的蒙古族服饰就是在这样的审美意识中，孕育了自身的风格，体现出了独具特色的审美特征。

第八章

明代的服装流行与审美

元末农民起义，推翻了元朝的统治。1368 年，朱元璋在南京称帝，建立起明王朝。明太祖朱元璋为了恢复生产和保持明朝的"长治久安"，大兴屯田，兴修水利，推广种植桑、麻、棉等经济作物。由于明初采取的一系列措施，农业生产迅速得到恢复。农业生产水平的提高促进了手工业的发展，使明朝中期的冶铁、制瓷、纺织等都超过了前代水平，这些都为服装的发展奠定了物质基础。中国古代服饰经过两千多年的发展完善，至明代达到了一个相当高的水准，无论在服饰内容、等级标志、工艺选材，还是在实用效果方面，都有了较大的发展，可以说是汉官服饰威仪的集成与总结。明代服饰以其端庄传统、华美艳丽，成为中国服饰艺术的典范。

第一节　明代的流行服装

明代冕服在使用范围上做了大幅度的调整，从过去的君臣共用变为皇族的专属服装。形式上追求古制，兼具周汉、唐宋的传统模式，但是复古不为古，经过几次调整之后，形成了明代的冕服系列。核心内容仍是皇帝冠十二旒、衣十二章、上衣下裳、赤舄等基本服制。明代常服采用唐代常服模式：头戴翼善冠，身穿盘领袍，腰束革带，足蹬皮靴。自明英宗开始，为了进一步凸显皇威，在皇帝常服上，开创性地按照冕服的布局加饰十二章纹，增强了这款一般性礼服的庄重色彩，这也是前朝历代不曾有过的创举（见彩图 20）。乌纱翼善冠，是皇帝常服的冠帽。此冠以细竹丝编制而成，髹黑漆，内衬红素绢，再以双层黑纱敷面。冠后山前嵌二龙戏珠，冠后插圆翅形金折角两个。龙身为金丝制成，其上镶嵌宝石、珠玉，龙首还托"萬""寿"二字，十分精美华贵。1958 年北京定陵出土了金丝翼善冠。此冠通体用黄金制成，分为"前屋""后山"和"金折角"三个部分。前屋用极细的金丝编成"灯笼"花纹，空档均匀，疏密一致，无接头，无断丝。后山采用錾金工艺雕刻二龙戏珠，龙的造型生动有力，气势雄浑，制作工艺登峰造极，是一件精美绝伦的艺术珍品，充分反映了明代金银工艺的高超水平。

明代皇帝好龙，用龙彰显帝王的威严。龙，在中国人心中占据着独特的地位。上古时期，龙只是先民心中的一种动物，带有一定的平民性。到了唐宋时期，统治阶级为了利用人们的龙崇拜心理，不但自诩为龙种，还垄断了龙形象的使用权，严禁民间使用龙的图案，甚至还严禁百姓提及龙字。而发展到了明代，龙更成为帝王独有的徽记，正式形成了在皇帝服装上绣大型团龙的服饰制度。1958 年出土的万历皇帝的"缂丝十二章衮服"就以龙为主体纹样，其上绣有十二条团龙，但万历皇帝龙袍上龙的数目比起明世宗"燕弁服"上的还不算多。"燕弁服"上的龙纹呈九九之数，另外，在腰间玉带上还装饰着九件刻有龙纹的玉片。这么多让人眼花缭乱的龙缠绕着皇帝，足见明朝皇帝非常好龙。由此我们推断：明朝龙的形象一定是美轮美奂，否则皇帝怎会如此痴迷。其实不然，明朝龙的形象是牛头、蛇身、鹿角、虾眼、狮鼻、驴嘴、猫耳、鹰爪、鱼尾，十足是拼凑起来的怪物。不过，似乎也只有用这个四不像的怪物才能彰显出帝王的威严。最能衬托大明皇帝的龙形象的，当然就是禽和兽了。明代官服制度规定：文官官服绣禽，武将官服绣兽。"衣冠禽兽"在当时成为文武官员的代名词，也是一个令人羡慕的赞美词，只是到了明朝中晚期，官场腐败，"衣冠禽兽"才演变成为非作歹、如同禽兽的贬义词。

明代官员常朝视事需穿常服，主要服装为头戴乌纱帽、身穿盘领衣、腰束革带、足蹬皂革靴。明代盘领衣是由唐宋圆领袍衫发展而来，多为高圆领的缺胯样式，衣袖宽大，前胸后背缝缀补子，所以明代官服也叫"补服"（见彩图 21）。明代官服上最有特色的装饰就是补子。"补子"是明代官服上新出现的等级标志，也是明代官服的一个创新之举。所谓补子，就是在官服的前胸、后背缝缀一块表示职别和官阶的标志性图案。明代补子是一块 40 厘米见方的方形织锦，文官官服绣飞禽，武将官服绣走兽。具体内容是：文官一品用仙鹤，二品用锦鸡，三品孔雀，四品云雁，五品白鹇，六品鹭鸶，七品鸂鶒，八品黄鹂，九品鹌鹑，杂职则用练鹊；武官一、二品用狮子，三品虎，四品豹，五品熊，六、七品用彪，八品犀牛，九品海马。补子不仅丰富了明代官服的内容，而且在昭明官阶的同时，还首次将文武官员的身份用系列、规范的形式表现出来，结束了历代文武官员穿着相同服饰上朝，文武难辨、品级难分得的传统模式。所以，补子被明代之后的封建官场沿用，成为封建等级制度最为突出的代表。明代乌纱帽以漆纱做成，两边展角翅端钝圆，可拆卸；圆顶，帽体前低后高，帽内常用网巾束发。帝王常服的头衣"翼善冠"也是乌纱帽的一种，不过是折角向上而已。明代乌纱帽的式样由唐、宋时期君民共用的幞头发展而来，明代成为统治阶层专用的帽子并成为做官的代称。

　　明代命妇所穿的服装，都有严格的规定，大体分礼服及常服。礼服是命妇朝见皇后、礼见舅姑、丈夫及祭祀时的服饰，以凤冠、霞帔、大袖衫及背子等组成。凤冠霞帔，可以说是明朝女子的最高追求目标。因为它造型华美、做工精良，同时还是后、妃以及命妇穿用服装，所以，凤冠霞帔就成为身份、荣耀的标志，成为旧时富家女子出嫁时的装束。明代是在短期异族统治后重建的汉人政权，明代统治者高度重视恢复汉族服饰礼仪，故明代女子的衣装也多承袭唐宋汉族服制。但在承继唐宋汉族服制的基础上，仍然有一些创新、改革的新式样出现，凤冠霞帔就是其中的典型代表。凤冠是一种以金属丝网为胎，上缀点翠凤凰，并挂有珠宝流苏的礼冠，早在秦汉时代，就已成为太皇太后、皇太后、皇后的规定服饰。明代凤冠，有两种形式，一种是后妃所戴，冠上除了缀有凤凰外，还有龙、翠等装饰。另一种是普通命妇（也叫外命妇）所戴的彩冠，上面不缀龙凤，仅缀珠翠、花钗，但习惯上也称为凤冠。定陵出土的凤冠共有四顶，分别是"十二龙九凤冠""九龙九凤冠""六龙三凤冠"和"三龙二凤冠"。四顶凤冠制作方法大致相同，只是装饰的龙凤数量不同。它们造型奇巧，制作精美，并饰有大量的珍珠宝石，皇后母仪天下的高贵身份得到最佳的体现（图2-8-1）。与凤冠相配套的霞帔，实际上就是南北朝时期的帔子。隋唐时期，因为它的色彩像天上的霞红，因此被称作"霞帔"，至宋代被列为后妃礼服。霞帔是一条从肩上披到胸前的彩带，用锦缎制作，上面绣花，两端呈三角形，下面悬挂一颗金玉坠子。霞帔成为命妇的礼服，霞帔的纹饰随之成为命妇身份等级的重要标志（图2-8-2）。

图2-8-1 明孝文皇后肖像①

图2-8-2 戴凤冠、穿霞帔的皇后②

命妇燕居与平民女子的服饰，主要有衫、袄、帔子、背子、比甲、裙子等，基本样式依唐宋旧制。普通妇女多以紫花粗布为衣，不许用金绣。袍衫只能用紫色、绿色、桃红等色，不许用大红、鸦青与正黄色，以免混同于皇家服色。明代水田衣是一般妇女服饰，以各色零碎锦料拼合缝制而成，因整件服装织料色彩互相交错形如水田而得名。它简单别致、具有的特殊效果，受明代妇女普遍喜爱。在唐代就有人用这种方法拼制衣服，王维诗中就有"裁衣学水田"的描述。

---

① 周锡保：《中国古代服饰史》，中国戏剧出版社2002年版，第419页。

② 周汛、高春明：《中国服饰五千年》，学林出版社1984年版，第151页。

水田衣的制作，开始时比较讲究匀称，各种锦缎料都事先裁成长方形，然后再有规律地编排缝制成衣。后来就不再拘泥，织锦料子大小不一，参差不齐，形状也各不相同（见彩图22）。

　　明代妇女沿袭前代旧俗，大多崇尚缠足。她们所穿的鞋，称为"弓鞋"。这种鞋是以樟木为高底。如果是木放在外面的，称为"外高底"，又有"杏叶""莲子""荷花"等名称；如果是木放在里边的，一般为"里高底"。这种鞋至清末民国初还有人穿着。老年妇女则多穿平底鞋，名叫"底面香"。

　　综观明代的织物，其纹样主要有祥云纹、如意纹、龙凤纹和以百花百兽等各种纹样组织起来的"吉祥图案"（见彩图23）。吉祥图案的历史源远流长，早在远古时期，我国人民就把这些雄健的猛兽形象比作"威武"，用于男服的装饰。而将一些文丽的珍禽比作美好，用作女服的纹祥。唐宋以后，这种风气更加普遍，人们常将几种不同形状的图案配合在一起，或寄于"寓意"，或取其"谐意"，以此寄托美好的希望和抒发自己的感情。例如把松、竹、梅这三种耐寒的植物合画在一起，比喻经得起考验的友谊，取名"岁寒三友"（寓意）。把芙蓉、桂花、万年青三种花卉画在一起，比作永远荣华富贵，取名"富贵万年"（惬意）。把蝙蝠和云彩画在一起，叫"福从天来"。把太阳和凤凰画在一起，叫"丹凤朝阳"。把青鸾（一种瑞鸟）和桃子画在起，叫"青鸾献寿"。把喜鹊和梅花画在一起，叫"喜上眉梢"。把金鱼和海棠画在一起，叫"金玉满堂"。把萱草和石榴画在起，叫"宜男多子"。把莲花和鲤鱼画在一起，叫"连年有余"。把花瓶和三把长戟（一种古兵器）画在起，叫"平升三级"等。此外，还有"八仙""八宝""八吉祥"等名目。所谓八仙，即道教中的八大仙人。八仙手中拿的物件有扇（汉钟离用）、剑（吕洞宾用）、葫芦和拐杖（铁拐李用）、拍板（曹国舅用）、花篮（蓝采和用）、道情筒与拂尘（张果老用）、笛（韩湘子用）、荷花（何仙姑用）；所谓八宝，即八种物品，如宝物、方胜、磬、犀角、金钱、菱镜、书本、艾叶；八吉祥也由八种器物组成，取吉祥之意，如舍利壶、法轮、宝伞、莲花、金鱼、海螺、天盖、盘长。尽管这些图案的形状各不相同，结构也比较复杂，但可在一幅画面上被组织得相当和谐，常在主体纹样中穿插一些云纹、枝叶或飘带,给人一种轻松活泼之感。同时,此时的刺绣也十分精美,并在传统的手法上创造了平金、平绣、戳纱、铺绒等特种工艺技巧,具有细腻、精美之感,充分体现出了明代服饰文化之特色。

第二节 明代服装的审美特征及成因

明代服饰的特色主要体现在四个方面:第一,排斥胡服,恢复汉族传统。因为明朝政权是从蒙古贵族手中夺来的政权,所以,明朝统治者对于整顿和恢复汉族礼仪十分重视。他们废除元朝服制,上采周汉,下取唐宋服装古制,制定了明代服饰制度。第二,突出皇权,扩大皇威。在整个封建社会中,每个朝代的君臣,在服饰上都有一定的区别和界限,相比之下,明代服饰的区别最为严格。延续了两千多年的、君臣可以共用的冕服,在明代成了皇帝和郡王以上皇族的专有服装。明王朝统治者通过强化服饰的区别和界限,在被统治者心中形成神秘感和威慑效应。第三,以儒家思想为基准,进一步强化品官服饰的等序界限。在官服当中,充分挖掘、利用各代官员服饰上的等序标志,并充分利用服饰的色彩和图案等手段,自上而下,详细地加以规定,从而最大限度地表现品官之间的差异,达到使人见服知官、识饰知品的效果。第四,明代服饰趋向于繁丽华美,趋向于吉祥祝福之风。将吉祥纹样大量运用于服饰是明代服饰文化的一大特色。

明代服饰的审美演变,可以从以下两方面来认识:一是服饰从淳朴转向好美。奢侈是晚明城市社会风尚的基本特点,即使是家无担石之储的庶民百姓,也要刻意打扮,装饰门面。在等级制与礼教的束缚下,明初俗尚淳朴,视为当然。无论是诸生士子,还是市井小民,无论是去学校,还是去市肆,都穿布袍,十分俭朴。布袍的色彩,士子为素色,市井小民为缁色,不过随冬夏寒暑时令的更迭,稍加更换。即使那些殷实的家庭,穿着稍为华美,也不过是将薄缣制成衣服,平时藏在箱中,等到吉礼嘉会等重要场合,才拿出来穿用。过后,又收藏如故。到了晚明,俗尚奢侈,衣服也追求华美,凡衣必有绮纨制成,如果有人不这样,还穿着布袍,反而会被市人嘲笑羞辱。这种奢侈之习，始于士大夫。有名臣之誉的张居正，性喜华楚，穿衣必"鲜美耀目，膏泽脂香，早暮递进"。据当时的礼部尚书陆树声亲眼所见，张居正请陆氏至内阁吃饭。在吃饭中间，一顿饭的工夫，张居正所穿衣服就换了几次。当时徐泰时正好在工部任职，家中也素封。每当客人来访，就一定要先知道客人的穿戴，然后才披衣接待客人，"两人宛然合璧，无少参错，班行艳之"。于是，在当时的士大夫中形成一种"侈饰相尚"的风气。若以当代娱乐界人士的服饰生活作为观照，张居正、徐泰时两人，堪称时尚人物。二是厌常斗奇，"服务新巧"。服饰等级制度一旦被冲破，随之而来的是服饰的僭用与对华美的追求。服饰追求华美，势必产生一种厌常斗奇的心理，并对服饰式样随时进行革新。据史书记载，明人于慎行记山东东阿，里俗以"牦为裙，着长衣下，令其蓬蓬张起，以为美观"。若无牦，就用竹做围衬。事虽属可笑，但也反映出明人在服饰风尚上求奇、求新、求巧的心态。服饰革新的结果，导致服饰的多样性。与明初整齐划一、等级分明的服饰不同，明中期以后的服饰已是花样翻新，众采纷呈。

第九章

清代的服装流行与审美

第一节　清代的流行服装

　　清代作为中国最后一个封建王朝，其服装的繁缛华丽是此前任何一个王朝都无法比拟的。皇帝冠服便是典型。皇帝冠服有礼服、吉服、常服和行服四种。每种都有冬、夏两式。礼服包括朝服、朝冠、端罩、衮服、补服；吉服包括吉服冠、龙袍、龙褂；便服即常服，是在典制规定以外的平常之服；行服是用于巡幸或狩猎。礼服中的朝服是皇帝在重大典礼活动时最常穿着的典制服装。

　　按清朝《大清会典》规定，皇帝的朝服一般"色用明黄"，祭圜丘、祈谷用蓝色，祭日用红色，祭月用月白色。其式样是通身长袍，另配箭袖和披领，衣身、袖子、披领都绣金龙。根据不同的季节，皇帝的朝服又有春夏秋冬四季适用的皮、棉、夹、单、纱等多种质地。朝服的形式与满族长期的生活习惯有关。满族先祖长期生活在无霜期短的东北，以少种植、多渔猎为主要经济来源。"食肉、衣皮"成了他们的基本生活方式，尤其是满洲贵族穿用的服装多为东北特产的貂、狐等毛皮缝制。为方便骑马射箭活动，服装的形式采用宽大的长袍和瘦窄的衣袖相结合。衣领处仅缝制圆领口，并配制一条可摘卸的活动衣领，称"披领"；在两袖口处各加一个半圆形可挽起的袖头，因形似"马蹄"，称为"马蹄袖"。清入关后，满族生活环境的变化，长袍箭袖已失去实际的作用。但清前期的几位皇帝认为：衣冠之制关系重大，它关系到一个民族的盛衰兴亡。到乾隆帝时进一步认识到，辽、金、元诸君，不循国俗，改用汉唐衣冠，致使传之未久，趋于灭亡，深感可畏。祖宗的服饰不但没有改变，还在不断恢复完善，最终形成典章制度确定下来（见彩图24－25）。①

宫中遇有喜庆的事，皇帝穿吉服。吉服又称龙袍，其形式是上下连属的通身袍，右衽、箭袖、四开裾；领、袖都是石青色，衣明黄；通身绣九龙十二章（清代服装在保留本民族传统的同时，也吸收了历代皇帝服装的纹饰），龙纹分前后身各三条，两肩各一条，里襟一条。龙纹间有五彩云；十二章分列左肩为日，右肩为月，前身上有黼、黻，下有宗彝、藻，后身上有星辰、山、龙、华虫，下有火、粉米；领圈前后正龙各一，左右行龙各一，左右交襟行龙各一，袖端正龙各一，下幅八宝立水。穿吉服时，外面罩衮服，挂朝珠，佩吉服带。清代皇帝的龙袍也有裘、棉、夹、纱等多种质地，适合一年四季不同季节穿用。

皇帝在平常的日子穿便服，又称常服。皇帝在宫中穿常服的时间最多，常服有常服袍和常服褂两种，其颜色、纹饰没有特殊的规定，随皇帝所欲。但从故宫收藏的皇帝便服的颜色、纹饰来看，也都有明显的喻义。清代皇帝的便服的衣料多选用单色织花或提花的绸、缎、纱、锦等质地。无论是织花、提花，多采用象征吉祥富贵的纹样。

行服是皇帝和王公百官外出巡行、狩猎、征战时所穿的服装，特点是便于骑射。行服包括行冠、行袍、行褂、行裳、行带五部分。穿用时，行袍穿在内，腰间系行带，外面罩上行褂，下系行裳。

清代服饰制度规定，穿不同的服装，头上要戴相应的冠帽。皇帝的冠帽有朝服冠、吉服冠、常服冠、行服冠。朝冠有冬夏之分，冬朝冠呈卷檐式，用海龙、熏貂或黑狐皮制成，外部覆盖红色的丝绒线穗，正中饰柱形三层金顶，每层中间饰一等大东珠一颗。环绕金顶周围，饰以四条金龙。金龙的头上和脊背上各镶嵌一颗一等大东珠，四条金龙的口中又各衔一颗东珠。夏朝冠呈覆钵形，用玉草、藤、竹丝编制。其顶亦为柱形，共三层，每层为四金龙合抱，口中各饰一东

---

① 黄能馥、陈娟娟：《中华服饰艺术源流》，高等教育出版社1994年版，第411—414页。

珠，顶上端一颗大东珠。另在冠檐上，前辍金佛，嵌十五颗东珠，后缀"舍林"，前饰七颗东珠。皇帝的吉服冠，冬天用海龙、熏貂、紫貂，依不同时间戴用。帽上亦缀红色帽缨，帽顶是满花金座，上衔一颗大珍珠。夏天的凉帽仍用玉草或藤竹丝编制，红纱绸里，石青片金缘，帽顶同于冬天的吉服冠。常服冠的不同处是帽为红绒结顶，俗称算盘结，不加梁，其余同于吉服冠。行冠，冬季用黑狐或黑羊皮、青绒，其余如常服冠。夏天以织藤竹丝为帽，红纱里缘。上缀朱牦。帽顶及梁都是黄色，前面缀有一颗珍珠。

　　皇帝穿朝服时要戴朝珠，根据不同的场合戴不同质地的朝珠。朝珠源于佛教数珠。清代皇帝祖先信奉佛教，因此，清代冠服配饰中的朝珠也和佛教数珠有关。按清代冠服制度，穿礼服时必于胸前挂朝珠。朝珠由108粒珠贯穿而成。每隔27颗穿入一颗材质不同的大珠，称为"佛头"。朝珠的质料以产于松花江的东珠为最贵重，此外还有翡翠、玛瑙、白玉等。皇帝在穿戴服饰中，腰间都要系相应的腰带，穿朝服系朝服带，穿吉服时系吉服带。朝带有两种，一种用于大典，一种用于祭祀。

　　补服是清代文武百官的重要官服，清代补服从形式到内容都是对明朝官服的直接承袭。补服以装饰于前胸及后背的补子的不同图案来区别官位的高低。皇室成员用圆形补子，各级官员均用方形补子。补服的造型特点是：圆领，对襟，平袖，袖与肘齐，衣长过膝。门襟有五颗纽扣，是一种宽松肥大的石青色外衣，当时也称之为"外套"。清代补服的补子纹样分皇族和百官两大类。皇族补服纹样为：五爪金龙或四爪蟒。各品级文武官员纹样为：文官一品用仙鹤；二品用锦鸡；三品用孔雀；四品用雁；五品用白鹇；六品用鹭鸶；七品用鸂鶒；八品用鹌鹑；九品用练鹊。武官一品用麒麟；二品用狮子；三品用豹；四品用虎；五品用熊；六品用彪；七品和八品用犀牛；九品用海马（见彩图26）。清代男子的官帽，有礼帽、便帽之别。礼帽俗称"大帽子"，其制有二式：一为冬天所戴，名为暖帽；二为夏天所戴，名为凉帽。凉帽的形制，无檐，形如圆锥，俗称喇叭式。材料多为藤、竹制成。外裹绫罗，多用白色，也有用湖色、黄色等。官员品级的主要区别是在帽顶镂花金座上的顶珠以及顶珠下的翎枝，这就是清代官员显示身份地位的"顶戴花翎"。

清代流行穿马褂，马褂是指一种长不过腰、袖仅掩肘的短衣。如跟随皇帝巡幸的侍卫和行围校射时猎获胜利者，缀黑色钮襻。在治国或战事中建有功勋的人，缀黄色钮襻。缀黄色钮襻的称为"武功褂子"，其受赐之人名可载入史册。礼服用元色、天青，其他用深红、酱紫、深蓝、绿、灰等，黄色非特赏所赐者不准服用。马褂用料，夏为绸缎，冬为皮毛。乾隆时，达官贵人显阔，还曾时兴过一阵反穿马褂，以炫耀其高级裘皮。清代皇帝对"黄马褂"格外重视，常以此赏赐勋臣及有军功的高级武将和统兵的文官，被赏赐者也视此为极大的荣耀。赏赐黄马褂也有"赏给黄马褂"与"赏穿黄马褂"之分。"赏给"是只限于赏赐的一件，"赏穿"则可按时自做服用，不限于赏赐的一件。如乾隆时曾给提督段秀林赏穿黄马褂。段秀林为官古北口，一次随驾扈从热河，乾隆帝召见时，见他须发皆白，便问他尚能骑射否？段秀林答："骑射乃武臣之职也，年虽老，尚能跨鞍弯弧，为将士先。"乾隆帝遂在宫门前悬鹄一只，令段试射。段秀林一箭中鹄，乾隆大喜。为奖励其武功，便赏穿黄马褂（见彩图27）①。

清代女子的服饰流行经历了前后两个不同的阶段。清初，在"男从女不从"的约定之下，满汉两族女子基本保持着各自的服饰形制。满族女子服饰中有相当部分与男服相同，在乾嘉以后，开始效仿汉服，虽然屡遭禁止，但其趋势仍在不断扩大。汉族女子清初的服饰基本上与明代末年相同，后来在与满族女子的长期接触之中，不断演变，终于形成清代女子服饰特色。

满族女子一般服饰有为长袍、马甲、马褂、围巾等。满族女子的长袍有二式，衬衣和氅衣。清代女式衬衣为圆领、右衽、捻襟、直身、平袖、无开禊、有五个纽扣的长衣，袖子形式有舒袖（袖不及手臂长的）、半宽袖（短宽袖口加接二层袖头）两类，袖口内再另加饰袖头。是妇女的一般日常便服。以绒绣、纳纱、平金、织花的为多。周身加边饰、晚清时边饰越来越多。常在衬衣外加穿坎肩。秋冬加皮、棉（见彩图28）。

---

① 王云英：《清代满族服饰》，辽宁民族出版社1985年版，第34页。

氅衣与衬衣款式大同小异，小异是指衬衣无开裾，氅衣则左右开裾高至腋下，开裾的顶端必饰云头；且氅衣的纹饰也更加华丽，边饰的镶滚更为讲究，在领托、袖口、衣领至腋下相交处及侧摆、下摆都镶滚不同色彩、不同工艺、不同质料的花边、花绦、狗牙等。据江苏巡抚对苏州地区的风俗衣饰《训俗条》中称："至于妇女衣裙，则有琵琶、对襟、大襟、百裥、满花、洋印花、一块玉等式样。而镶滚之费更甚，有所谓白旗边、金白鬼子栏杆、牡丹带、盘金间绣等名色，一衫一裙，本身兰价有定，镶滚之外，不啻加倍，且衣身居十之六，镶条居十之四，一衣仅有六分绫绸。新时固觉离奇，变色则难拆改。"① 大约咸丰、同治期间，京城贵族妇女衣饰镶滚花边的道数越来越多，有"十八镶"之称。这种以镶滚花边为服装主要装饰的风尚，一直到民国期间仍继续流行。在氅衣的袖口内，也都缀接纹饰华丽的袖头，加接的袖头上面也以花边、花绦子、狗牙儿加以镶滚，袖口内加接了袖头之后，袖子就显得长了，而且看上去像是穿了好几件讲究的衣服。加接的袖头磨脏了又可以更换新的。北京故宫博物院藏有大量清代的氅衣面料、氅衣实物、氅衣画样，花式繁多，纹样内容设计均含有吉祥的含义，如折枝桂花、兰花，题为"贵子蓝孙"。葫芦蔓藤题为"子孙万代"。双喜字百蝶题为"双喜相逢"。喜字蝙蝠、磬、梅花，题为"喜庆福来"等。慈禧太后在一般场合，都喜欢穿宽裾大袖的氅衣。她常常亲自指点如意馆画师修改服装小样，她最喜欢的氅衣花纹是竹子、藤萝、墩兰、牡丹、芍药、栀子花、海棠蝴蝶、百蝶散花、圆寿字等（见彩图 29）。

马甲，又名坎肩、紧身、搭护、背心，为无袖短身的上衣，式样有一字襟、琵琶襟、对襟、大捻襟、人字襟等数种，多穿在氅衣、衬衣、旗袍的外面。工艺有织花、缂丝、刺绣等。花纹有满身洒花、折枝花、整枝花、独棵花、皮球花、百蝶、仙鹤、凤凰、寿字、喜字等，内容都寓有吉祥含义。清中后期，在坎肩上加如意头、多层滚边，除刺绣花边之外，加多层绦子花边、捻金绸缎镶边。有的更在下摆加流苏串珠等为饰。北京故宫博物院藏有光绪年间设计的慈禧紧身

---

① 魏莉：《少数民族女装工艺》，中央民族大学出版社 2014 年版，第 33 页。

画样六件，附有白鹿皮条，上墨书"慈禧衣服样六件"。六件花样为：品月地雪灰竹子、雪青地湖色竹子、酱色地绿竹子、茶色地品月竹子、白地寿山竹子、藕荷色地水墨竹子。图案布局匀当，形象写实生动，色调雅致。

女马褂款式有挽袖（袖比手臂长的）、舒袖（袖不及手臂长的）两类。衣身长短肥瘦的流行变化，情况与男式马褂差不多。但女式马褂全身施纹彩，并用花边镶饰。清代满族女子在穿衬衣和氅衣时，在脖颈上系一条宽约 2 寸，长约 3 尺的丝带，丝带从脖子后面向前围绕，右面的一端搭在前胸、左面的一端掩入衣服捻襟之内。围巾一般都绣有花纹，花纹与衣服上的花纹配套。讲究的还镶有金线及珍珠。

清代满族妇女的鞋极有特色。以木为底，鞋底极高，类似今日的高跟鞋，但高跟在鞋中部。一般高一二寸，以后有增至四五寸的，上下较宽，中间细圆，似一花盆，故名"花盆底"。有的底部凿成马蹄形，故又称"马蹄底"。鞋面多为缎制，绣有花样，鞋底涂白粉，富贵人家妇女还在鞋跟周围镶嵌宝石。这种鞋底极为坚固，往往鞋已破毁，而底仍可再用。新妇及年轻妇女穿着较多，一般小姑娘至十三四岁时开始用高底。清代后期，着长袍穿花盆底鞋，已成为清宫中的礼服（见彩图 30）。汉女缠足，多着木底弓鞋，鞋面多刺绣、镶珠宝。南方女子着木屐、娼妓喜镂其底贮香料或置金铃于屐上。

清代满族女子的发式独具民族特色。满族妇女的发式变化较多，孩童时期，与男孩相差无几。女孩成年后，方才蓄发挽小抓髻于额前，或梳一条辫子垂于脑后。已婚妇女多绾髻，有绾至头顶的大盘头，额前起鬏的鬏头，还有架子头。"两把头"是满族妇女的典型发式。这种发式，使脖颈挺直，不得随意扭动，以此显得端庄稳重。梳这种发髻者多为上层妇女。一般满族妇女多梳如意头，即在头顶左右横梳两个平髻，似如意横于脑后。劳动妇女，只简单地将头发绾至顶心盘髻了事。以后受汉髻影响，有的将发髻梳成扁平状，俗称"一字头"。清咸丰以后，旗髻逐渐增高，两边角也不断扩大，上面套戴一顶形似"扇形"的冠，一般用青素缎、青绒、青直径纱做成，是为"旗头"或"宫装"。俗谓"大拉翅",就是指这种戴扇形冠的头饰。在旗头上面,还要再加插一些绢制的花朵,一旁垂丝缚(图2-9-1)。

图2-9-1 清代满族贵族妇女的发式①

清代汉族女子的流行服饰中,汉族妇女的服装较男服变化为少,一般穿披风、袄、衫、云肩、裙、裤、一裹圆、一口钟等(见彩图31)。披风是外套,作用类似男褂,形制为对襟,大袖,下长及膝。披风装有低领,有的点缀着各式珠宝。里面为上袄下裙。清初袄、衫以对襟居多,寸许领子,上有一两枚领扣,领形若蝴蝶,以金银做成,后改用绸子编成短纽扣,腰间仍用带子不用纽扣。清后期装饰日趋繁复,到"十八镶十八滚"。云肩为妇女披在肩上的装饰物,五代时已有之,元代仪卫及舞女也穿。《元史·舆服志》一记载:"云肩,制如四垂云。"② 即四合如意形,明代妇女作为礼服上的装饰。清代妇女在婚礼服上也用,清末江南妇女梳低垂的发髻,恐衣服肩部被发

---

① 徐静:《中国服饰史》,华东大学出版社2010年版,第285页。
② 王金华:《中国传统服饰云肩肚兜》,中国纺织出版社2017年版,第23页。

髻油腻玷污，故多在肩部戴云肩。贵族妇女所用云肩，制作精美，有剪彩作莲花形，或结线为璎珞，周垂排须。慈禧所用的云肩，有的是用又大又圆的珍珠缉成的，1 件云肩用 3500 颗珍珠穿织而成（见彩图 32）。裙子主要是汉族妇女所穿，满族命妇除朝裙外，一般不穿裙子。至晚清时期，汉满服装互相交流，汉满妇女都穿。清代裙子有百褶裙、马面裙、襕干裙、鱼鳞裙、凤尾裙、红喜裙、玉裙、月华裙、墨花裙、粗蓝葛布裙等。百褶裙前后有 20 厘米左右宽的平幅裙门，裙门的下半部为主要的装饰区，上绣各种华丽的纹饰，以花鸟虫蝶最为流行，边加缘饰。两侧各打细褶，有的各打 50 褶，合为百褶。也有各打 80 褶，合为 160 褶的。每个细褶上也绣有精细的花纹，上加围腰和系带。底摆加镶边。马面裙前面有平幅裙门，后腰有平幅裙背，两侧有褶，裙门、裙背加纹饰，上有裙腰和系带（见彩图 33）。

第二节　清代服装的审美特征及成因

随着清朝的建立、强盛、衰微及至灭亡，直接牵动着中华服饰艺术风格的重大变化。女真族原是尚武的游牧民族，有他们自己的生活方式和服饰文化。他们打败明朝统治者之后，就想用满洲的服饰来同化汉人，用满族统治汉人的意识推行服装改革，所以入关之后，就强令汉人薙发、留辫，改穿满族服装，这一举动引起汉族人民强烈的抵制，乃采纳了明朝遗臣金之俊"十不从"即"男从女不从，生从死不从，阳从阴不从，官从隶不从，老从少不从，儒从而释道不从，倡从而优伶不从，仕宦从而婚姻不从，国号从而官号不从，役税从而语言文字不从"的建议，在服饰方面像结婚、死殓时女性都允许保持明代服式。未成年儿童、官府隶役和出行时鸣锣开道的差役，以及民间赛神庙会所穿，也用明式服装。优伶戏装采取明式，释道也没有更改服装样式，才使民怨得到一些缓和，清朝的服饰制度才能在全国推行。而清朝的服饰，也得以充分承继明代服饰技艺的成就。

清朝统治者取代明朝统治天下后，冠服制度体系一直坚守其旧制，帝、后礼服摒弃了汉族"宽衣博袖"制度，推行具有游牧民族骑射文化特色的"窄衣窄袖"服装样式，并在相当长的时间内保持着相当的满族传统。满族骑射文化影响了帝后婚礼服。满族骑射文化传统对清代帝、后礼服的形制的影响，不仅表现在"窄衣窄袖"的外形特征，更体现在帝、后礼服中"马蹄袖"和"披领"的造型，极富民族个性，与汉族帝王服饰形成鲜明的对比。马蹄袖的袖身窄小，紧裹于臂，袖端呈弧形，是典型的骑射民族衣着符号。清朝统治者后逐渐将其形制用于礼服，使其由功能性逐渐向装饰性转变。皇帝朝袍的马蹄袖身在保留原始造型的基础上，在袖端处绣有精美的龙纹装饰，并用石青色织金缎镶边。皇后婚礼朝服、吉服均用此袖形，并在袖端绣以龙凤纹饰，具有强烈的装饰效果与象征意义。"披领"是另一典型骑射民族衣着符号，也是帝、后礼服的重要组成部分。以绸缎为之，裁以菱状，上绣龙纹，并加以缘饰。有些皇后"朝袍"的披领处还绣有马鞍、马蹄和弓的形象，用以表现满人"马上得天下"的辉煌气魄。"以皮为衣"也是北方骑射民族的重要的衣着传统习俗。由于满族最初居住于寒冷的东北地区，为适应严寒的气候，保暖性强的裘皮服装是其最佳的选择。清朝统治者定都北京后，使这一传统习俗得到进一步发展，逐渐演化成具有装饰作用并带有明显等级观念的一种显赫华丽服饰，用以满足帝王奢侈、装饰、炫耀的需求，从而提升了皮毛在清代服饰制度中的地位。

　　清朝服饰是中国历代服饰中最为庞杂和繁缛的，而帝王婚礼服饰堪称繁饰之至。中国传统服饰审美文化的审美风格，取其大端，大抵分为两大类，一是朴实自然之美，二是繁复之美。清代帝王婚礼服饰的美可说是"错彩镂金，雕绘满眼"之美，用料之精，和色之美，手艺之巧，是前代所少见的，帝王婚礼服将此繁缛富丽的审美风格推向一种巅峰的极端状态。首先，是穿戴形式的繁复。清帝婚礼服饰的穿着形式之复杂，层次繁多，气派之壮观，超过历代。帝王的衮服及朝服的穿着有严格规定，形成一整套从头到脚的完整装束。其次，是绣纹的繁复精致。清帝大婚礼服通身精美纹饰，金翠夺目，极尽豪华富丽。主题涵盖"龙纹""十二章纹""海水江崖"和"云纹"等，用以体现至高无上的帝王之尊，象征江山万代。而皇后的大婚吉服还不忘添加大量充满民间喜庆吉祥寓意的文字图饰与动植物纹饰，于庄重与陈规中追求民俗化的审美情趣，表达夫妻美满，幸福长寿的愿望。

第十章

民国时期的服装流行与审美

发生在 20 世纪的辛亥革命和五四运动，不仅改变了中国社会的面貌，而且改变了几千年的中国服装传统。辛亥革命后，原有的服装形制虽然退出了历史舞台，但旧的观念仍有很大市场，男子的服饰，在民国初期仍沿袭清代旧俗。

从 20 年代起，上海等大城市的教师、公司洋行和机关的办事员等开始穿着西装，但多见于青年，老年职员和普通市民则很少穿着，长衫马褂作为主体的礼服，仍有一定的地位。孙中山先生倡导民众扫除蠹弊、移风易俗，并身体力行，为中国服装的发展做出了积极的贡献——以他的名字命名的"中山装"，对后世的影响已远远超出衣服本身。这一时期的男子服装呈现出新老交替、中西并存的"博览会"式的局面，为男装的进一步变革铺平了道路。

五四运动后，受西方工业文明的冲击，中国服装业开始了艰难的发展历程。在新思想、新观念的影响下，逐步改变了中国女性千百年来固有的服饰形象，广大妇女从缠足等陋习的束缚中解放出来。自唐朝以后，中国妇女服装的裁制方法一直是采用直线，胸、肩、腰、臀没有明显的曲折变化，至此开始大胆变革，试用服装以充分展示自然人体美。因此改良旗袍的普遍穿着成为一种趋势，20 世纪二三十年代出现在大城市的繁荣景观，把女装的发展推向高潮。这个时期的女装变革具有划时代的意义，同时在如何对待传统服饰文化上给人们留下了有益的启示。中山装和旗袍的出现和发展，为中国的现代服装打下了基础，特别是中山装系列，一直引领中国服装近百年。由于当时历史背景，服装的发展与繁荣仅局限在中国沿海的一些大城市，从总体上说仍然是迟缓、曲折的。

第一节　民国时期的流行服装

中山装是由学生装和军装改进而成的一款服装，由伟大的革命先行者孙中山先生创导和率先穿着，因而得名为"中山装"。中山装出现在历史巨大变革时期，是告别旧时代，进入新世纪的标志，具有深远的影响。其款式吸收了西方服式的优点，改革了传统中装宽松的结构，造型呈方形轮廓，贴身适体，领下等距离排列的纽扣，顺垂衣襟而下，呈对称结构。对称式四袋设计，实用、稳重。与西服相比，改敞开的领型为封闭的立领，自然庄重，具有东方人的气质与风度。中山装的出现对中国现代服装的发展起主导作用，被称为"国服"（见彩图34）。

长袍马褂是民国时期中年人及公务人员交际时的装束（图2－10－1）①。西服、革履搭配礼帽是青年或从事洋务者的装束；长袍、

图2－10－1　民国时期穿长袍马褂的富裕阶层

---

① 袁仄：《中国服装史》，中国纺织出版社2005年版，第142页。

西裤搭配礼帽、皮鞋是民国后期较为时兴的一种男子装束,也是中西结合较为成功的一套男装式样。既不失民族风韵、又增添潇洒英俊之气,文雅之中显露精干,是这一时期很有代表性的男子服装。学生装一般为资产阶级进步人士和青年学生穿用。

改良旗袍的流行。旗袍本是满族妇女的服装,20世纪20年代以后,都市妇女服装中最具特点、最普遍的穿着即是旗袍。在清代传统旗袍的基础上,为适应汉满各族人民的穿着,旗袍的样式不仅吸收了明清汉族服装的立领等细节,也从装饰繁复走向简化。20年代,受到西方服饰的影响,袍身逐渐收窄。吸收西方服装立体造型的特点,增加了腰省、胸省,并运用了肩缝与装袖等元素,使款式走向完美成熟。这时的旗袍经过彻底的改良,已经完全脱离了原来的式样。其款式经过了民族融合、中西合璧而变成一种具有独特风格的中国女装样式。其样式的变化主要集中在领、袖及长度等方面。先是流行高领,领子越高越时髦,即使在盛夏,薄如蝉翼的旗袍也必配上高耸及耳的硬领。渐而流行低领,领子越低越是"摩登",当低到实在无法再低的时候,干脆就穿起没有领子的旗袍。袖子的变化也是如此,时而流行长的,长过手腕;时而流行短的,短至露肘。至于旗袍的长度,更有许多变化,在一个时期内,曾经流行长的,走起路来无不衣边扫地;以后又改短式,裙长及膝。后来旗袍的式样趋向于取消袖子(夏装)、缩短长度和减低领高,并省去了烦琐的装饰,使其更加轻便、适体。旗袍因其具有浓郁的中华民族服装特色,从而被世界服装界誉为"东方女装"的代表(见彩图35)。

袄裙为民国初年衣裙上下配用的一种女子服式。辛亥革命后,人们日常服装受西式服装的影响较大,近代服装西化已成趋势。当时广大妇女从缠足等陋习的束缚中解放出来,时装表演、演艺界明星的奇异服饰便起到了推波助澜的作用。上衣下裙的袄裙服式在这种环境下产生出来。其上衣一般仍为襟式,包括大襟、直襟、右斜襟等,下摆有半圆、直角等形,衣袖、衣领也依穿着习惯各异。下裙近似现代褶裙,裙的长短也不一样。袄裙服式为其后的套装服式打下了基础(见彩图36)。

第二节 民国时期服装的审美特征及成因

民国时期短暂几十年，其服饰审美经历了因循守旧、锐意创新、繁华多样及萧条沉沦几个阶段，这些都与当时的社会背景及社会价值观密切相关。

民国初期，保守的价值观形成了保守的服饰审美。民国初期，旧势力猖狂复辟，新生力量随时都有覆灭的危险。在这种形势下，人们对将来所持的态度是犹豫的，是摇摆不定的。旧势力顽固地坚守着自己的地盘，在新生事物面前，大多数人感到模糊和茫然。此时的社会价值观倾向的仍然是旧的、传统的、已有的秩序、规章、制度，欣赏的依然是已有的审美观念，社会上的大多数人仍以传统服饰为美。这一时期，还有不少男士留着长辫、穿着长袍马褂，女子则穿长袖长裙，其中汉族女子的服饰以短袄、黑裙为主；满族贵族女子穿着旗袍，整体轮廓仍然承袭清代晚期的宽身造型。总之，这一时期的服饰审美仍是以传统为主，缺乏创新。

军阀混战时期，受新文化运动的影响，人们的社会价值观也产生了巨大变化，而服饰审美现象因此呈现出突变和转型的面貌。与传统决裂的一个最为直观最为直接的方式，就是在服饰方面的改头换面。女学生先是剪去长发，几乎一律都梳着齐耳短发，再就是将长大的旗袍裙子剪短至膝。常见装束也包括一条百褶短裙搭配一件收腰短装，看上去干脆利落，富有青春朝气。这一时期，女装的另一个突变便是开始引进西式洋装。男士们则个个剪辫易服，穿上各种新式服装，穿西服、打领带也渐渐成为一种时尚。

北伐战争以后的"黄金十年"时期，多元的价值观创造了多种多样的服饰审美现象。这一时期，中西合璧的服饰审美现象不仅表现在服装的剪裁和款式上，而且更突出地表现在服饰的穿着方式上。大街小巷时常可以看到用西式坎肩、高跟鞋、丝袜、项链、耳环搭配中式旗袍的女子。男子的着装方式也尽显中西合璧的特色：有身着长袍马褂，头顶西式礼帽，足蹬西式皮鞋的；有内着中式对襟绸缎薄袄，外套西式裘皮大衣的；有架着西式墨镜，脚穿中式千层布底鞋的；等等，无不陶醉在中式的古韵诗意和西式的新锐时髦中。

民国时期的最后十年是国难的十年，是战乱的十年，也是民不聊生的十年。在这特殊的战争时期，物质极度贫乏，生活也极端困难和紧张，人们挣扎在死亡线上，一切与求生存无关的需求都变得奢侈起来。求生存成为这一时期最为主要、也最为根本的需求和愿望。这一时期，人们注重和强调的不再是服饰的审美功能，而是服饰的实用功能。在战乱中，人们追求的是衣能蔽体，衣能保暖，甚至希望能以衣换物，以求果腹。节俭朴素、灰暗压抑是这个时期人们的心理写照，也是这一时期的服饰带给人们的主要印象。

第十一章

新中国的服装流行与审美

1949 年，中华人民共和国的成立，标志着中国服饰走入一个崭新的历史时期。新中国成立后服饰的一个巨大转折点是改革开放。自 1979 年，对世界敞开国门以后，西方现代文明迅疾涌入质朴的中国大地。自此，世界最新潮流的时装可以经由最便捷的信息通道——电视、因特网等瞬间传到中国，中国的服装界和热衷于赶时髦的青年们基本上与发达国家同步感受新服饰。国内民众早已摆脱了蓝、绿、灰，且男女不分、绝不显示腰身的无个性服装时代，而迎来了百花齐放、五彩缤纷的服饰艺苑的美好春光。

第一节　新中国的流行服装

一　20 世纪 50 年代的流行服装

20 世纪 50 年代以后服装的发展，经历了一个曲折的过程。50 年代初到 60 年代，经济发展得还不够快，物质条件还比较差，因此，反映在穿衣上比较明显，主要是简朴和实用，可以说是以朴素为中心。1949 年开始的干部服热，是受军队服装的影响。进驻各个城市的干部都穿灰色的中山服，首先效法的是青年学生，一股革命的热情激励他们穿起了象征革命的服装。各行各业的人们争相效法，很多人把长袍、西服改做成中山服或军服。在色彩上也是五花八门，但多以蓝色、黑色、灰色为主，还有的人把西服穿在里面，外罩一件干部服。这时穿长袍、马褂和西服的人已经很少了。在农村，穿干部服的人是少数，大多数人仍穿中式服装。

苏联的服装在20世纪50年代初期对我国的服装影响比较大，如列宁服就是依照列宁常穿的服装设计的，主要特点是：大翻领，单、双排扣，斜插袋，还可以系一条腰带。主要是妇女穿着，穿一件列宁服，梳短发，给人一种整洁利落、朴素大方的感觉（图2-11-1）。列宁服的流行，是军队中的女干部进城带来的。最初在城里流行开来，主要是一些革命干校的学员穿着。后来在各大学中的部分女干部中流行，以后逐渐流入社会，形成了穿列宁服的风气。从50年代开始，一些苏联的服装在我国部分地区有一定的影响。如仿苏联坦克兵服装设计的"坦克服"，是立领、偏襟、紧身、袖口和腰间装袢。这种款式用料省，容易制作，穿脱方便，很受人们的欢迎。另一种是"乌克兰"式的衬衣，这是一种乌克兰人穿的衬衣，款式的主要特点是：立领、短偏襟、套头式，有的还在短偏襟上绣图案，当时主要流行在我国的北方地区。

图2-11-1 列宁装　　　　　　图2-11-2 中山装

从1949年以后，穿中山装的人越来越多，到50年代以后，更是形成穿中山装的热潮（图2-11-2）。除去中山装之外，人们又根据中山装和列宁装的特点，综合设计出"人民装"。其款式的特点是：尖角翻领、单排扣和有袋盖插袋，这种款式既有中山装的庄重大方，又有列宁装的简洁单纯，而且也是老少皆宜，当时穿人民装的年轻人很多。后来出现的"青年装""学生装""军便装""女式两用衫"，都有中山装的影子。中山装并不是一成不变的，在款式上也是不断地变化。如领子就有很大的变化，从完全扣紧喉头中解放出来，领口开大，翻领也由小变大，当时毛泽东很喜欢穿这种改进了的中山装，因此国外把这种服装叫作"毛式服装"。中山装作为中国的传统服装，从50年代到70年代一直流行不衰，最主要的原因是老年人、青年人都可以穿，甚至儿童也有穿中山装的情况。中山装什么样的面料都能制作，可以平时穿着，也可以作为礼服，无论是外交场合还是在国内庄重的场合都很适合。实际上中山装已经成为我国很有代表性的服装，也可以说就是"国服"。

二 20世纪60年代的流行服装

在极"左"思潮的干扰和破坏下，以蓝、黑、灰三色为主的中山装、青年装、军便装又占领了服装阵地，西服和旗袍更没有人敢穿了。就连年轻的女孩子也不敢穿花衣服或是颜色比较鲜艳的服装，甚至有的年轻妇女也穿起了中山装。著名的漫画家华君武先生曾画了一幅漫画，新婚的男女青年，从背后看去，男女不分，可见当时服装的单调程度。穿着打扮虽然在"老三色"和"老三装"统治下，但人们还是想尽办法在此基础上穿得鲜亮一些。如：中年妇女穿灰色条纹、叠门襟的两用衫；男子穿灰、蓝色的中山服，穿方口布鞋，戴草绿色的解放帽。小学生也不例外，当时的小学生都要当红小兵，也穿起了绿军装。但孩子们是爱美的，家长们也不愿让孩子穿得太单调，不少家长在面料上想办法。例如用咖啡色的灯芯绒，做成立领的罩衣穿在小军装的外面，上面绣一点小花显得稚气。女青年的穿着也受到影响，除去两用衫、对襟棉袄之外，到了夏天也穿一些浅色的衬衫。爱美是女孩子的天性，于是有人就在这种浅色的衬衫上想主意。开始在胸前绣上一朵小花，又从一朵小花发展成一组图案，于是在胸前绣花的衬衫流行了起来。"红卫兵运动"在极"左"思潮的推动之下，批判所谓"封、资、修"，把草绿色的军装、草绿色的军帽当成革命的标志。一时间掀起了穿草绿军装的热潮，除红卫兵之外，工人、农民、教师、干部、知识分子中有相当一部分人也穿起了草绿色的军装。开始是年轻人把长辈的旧军装穿起来，后来形成热潮，人们纷纷购买草绿色的布进行制作。不久市场上开始出售草绿色的上衣和草绿色的裤子，为人们赶新时尚提供了条件。20世纪60年代服装穿着的主题，可以说是以革命为中心，草绿色的军帽、宽皮带、毛泽东像章、红色的语录本、草绿色帆布挎包等，成为服饰配套的典型配饰品（图2-11-3）。

图2-11-3 红卫兵装

三 20世纪70年代的流行服装

20世纪70年代初，极"左"思潮仍然统治着服装行业，人们的穿着还是受着种种的限制。极"左"的清规戒律并没有清除，虽然比60年代后半期要好一些，人们对穿衣还是心有余悸，但是人追求美的心理是不可抹杀的。从这时开始，一些服装设计工作者在"老三装"的基础上设计了一批新款式，在这些款式发布时仍然强调地说："对于服装式样，无产阶级是从有利于学习、工作和劳动出发，而资产阶级则是为了适应他们那一套腐朽没落的生活方式的需要。两种截然不同的要求，实质上反映着两个阶级、两条路线、两种世界观的斗争。"[1] 当时对比较新式的服装仍然以"奇装异服"来看待。70年代

---

[1] 贾玉民：《20世纪中国工业文学史》，海燕出版社2015年版，第93页。

初，人们购买成衣的观念很淡薄，不少家庭都自备了缝纫机，因此，当时的裁剪书非常畅销。自裁自做的服装很流行。当时比较流行的款式，如男装的款式有：中山服上衣、军便服上衣、翻领制服上衣、立领制服上衣、青年服、劳动服、拉链劳动服、青年裤、紧腿棉裤、棉短大衣、风雪大衣、中式便服棉袄等；女装的款式有：单外衣、立领单外衣、女式军便服上衣、连驳领短袖衫、斜明襟短袖衫、顺褶裙、对褶裙、碎褶裙、中式便服棉袄和罩褂等；儿童服装基本上都是仿效成人服装的样式，如劳动衫、工装裤、红卫服等。1976年以后，人们从左倾思潮中逐渐解放出来，服装穿着逐渐走上了健康的发展道路，西服的款式又被提到议事日程，到1978年，已经出现了双排扣西式驳领的服装。各地一些闻名的服装店先后恢复了经营特色，开创了服装发展的新局面。

进入20世纪70年代，化学纤维逐渐兴起，无论是品种和数量都很快地发展起来了，这给人民穿衣的困难解决了很大的问题。化学纤维的种类很多，如：粘纤、粘胶丝、醋纤、维纶、腈纶、锦纶、涤纶、氯纶等。化学纤维有许多棉布没有的新特点，如容易洗涤、容易熨烫，有的面料还可以免烫，"的确良"就是如此，60年代后期的确良衬衣非常受人们的欢迎。由于化学纤维的兴起，衣料的品种花样逐渐多起来了，服装的款式、色彩也越来越丰富。到70年代末期，人民的穿着已经有了明显的变化。由于政策的放宽，服装行业飞速发展。到了80年代，中国的服装穿着状况有了很大的变化，给中国服装文化与国际服装文化接轨打下了坚实的基础。

纵观70年代处于服装行业转折的年代，人们在物质基础逐渐好转的情况下，激发了追求新异的心理。但当时的经济条件还不是太好，也只能是在原来的基础上，从款式、色彩上着眼，选择比较新异的服装。70年代后期，人们购买成衣的观念大大提高，开始摆脱自裁自做的局面。买来布以后，请裁缝裁剪成衣片，然后自家进行缝制，这又是一种新的服装加工方式，因此，当时的裁剪摊很多，有的地方形成了裁剪一条街。个体裁缝逐年大幅度地增加，又加上人们的经济状况逐渐好转，自裁自做慢慢地转移到个体裁缝店（摊）。70年代也可以说是以追求新异为中心。

四 改革开放以来的流行服装

20 世纪 70 年代末，人们开始解放思想，服装业开始复苏。进入 80 年代，对外开放、对内搞活的政策给中国服装带来了进一步的繁荣。落后的服装业得到迅速发展，随着国外服装信息的不断流入及中国服装设计师队伍的崛起，服装逐渐融入国际流行的大潮。90 年代呈现出多元化景象。作为中国服装代表的中山装和旗袍，在经历了辉煌和消沉后，先后重新登台，体现了国际化和民族化并存的局面。随着我国服装的不断完善与发展，中国服装在世界的地位日益提高。70 年代末、80 年代初首先打破"老三装"款式的服装就是喇叭裤。其实喇叭裤在国外已经流行了多年。由于 50 年代以后我们采取自力更生的政策，与国外接触比较少，因此国外的东西知道得很少。服装也不例外，国际上的流行趋势不能及时地传进我国，国家实行改革开放政策以后，国际的流行趋势通过各种渠道，涌进了中国。喇叭裤就是其中的一种，一批勇敢的年轻人带头穿起了喇叭裤，开始遭到一些有保守思想的人的反对，后来逐渐被一批又一批的年轻人所认识，于是喇叭裤风行一时。

改革开放的政策使人们的眼界大开，对于多年一贯的老款式感到厌倦。国家领导人带头穿起了西服，穿西装的要求随着时代而兴起了。1984 年首先从上海掀起了"西装热"，当年就出现了供不应求的局面，进而影响了全国。本来西服在过去也是我国人民经常穿着的传统服装，但经过"文化大革命"的摧残，已经使人们淡忘了。多年不见的西服，引起了人们的浓厚兴趣，尤其是年轻人，脱掉"老三装"，换上西服，使人感到是在追赶时代。1982 年以后，牛仔服在我国开始流行，先是牛仔裤风行一时。牛仔裤开始流行的时候，款式是直筒式，在膝部收细，裤脚呈喇叭形状。先是在工人、学生中间流行，后来一些文艺工作者也穿起了牛仔裤，接着青年教师、青年干部也有相当一部分人喜欢起了牛仔裤。牛仔裤风行以后，牛仔衣、牛仔裙、牛仔背心、牛仔风衣也纷纷上市。因为牛仔服衣料耐穿、潇洒大方、穿着舒服、款式多变，可以宽松也可以贴身，很受青年人的欢迎。到 90 年代牛仔服的面料又有很大发展，彩色的牛仔布问世，各种款型、各种色彩的牛仔服丰富多彩。1984年以后，掀起一股运动服热，运动服的面料多样、弹性好、色彩鲜艳，引起了人们的兴趣。开始只是一般性的穿着，后来逐渐向时装靠拢。运动服时装化使人们扩大了穿着的范围，跟着就有不少服装厂家成批生产运动服款式的时装。特别是一种加长、宽松的运动服时装受到了人们的青睐。滑雪衫也是运动服的一类，它的主要特点是轻便柔软、易洗易干、保暖性强、色彩鲜艳、款式多变，男女老少皆宜。它一出现在市场上，立即受到人们的欢迎，后来，不少厂家都生产以羽绒为填充料的滑雪衫、航空衫等新款式。在款式变化上越来越丰富，又有了两面穿的、里和面分开的款式出现，确实大大地方便了消费者。1984年以后，羽绒衫的产量逐年上升，这种轻暖的服装，一时成为人们争相购买的时髦货，直到90年代仍然流行不衰。

改革开放以后，西式服装逐渐又流行起来了，穿西服的热潮引发了其他西式服装的再度流行。夹克衫继20世纪40年代以后于再度形成流行高潮，但是与三四十年代有很大的区别。首先是面料多样，如灯芯绒、晶光布、涤棉布、尼龙绸、牛仔布、水洗布、水洗绸等。在款式上变化也很多，不同职业、不同年龄，都可以选到自己合适的夹克衫。穿夹克衫比穿西服要自由得多，也可以系领带，给人的感觉潇洒大方。针织服装原来是作为内衣穿着的，如棉毛衫、汗衫、背心等。70年代以后，开始用针织品生产外衣，到80年代，已经与国际流行款式接轨。如：青果领女式夹克衫、西装式三件套、圆摆西装等。开始只是流行两用衫一类的服装，但是没过几年，一般性的外衣就受到了冷落，设计新颖的针织时装大受欢迎。到80年代后期，开始流行文化衫，而且一开始就风行全国，一批设计家对文化衫的流行倾注了心血。原来作为内衣穿着的圆领衫、背心等，到了夏天就成为最受欢迎的时装。文化衫的图案内容非常广泛，如：纪念性质的、著名人物、风景、体育、警句、名言等。也有一个时期流行了一些不健康的内容，在青年中造成不好的影响，如"别理我""我烦"，但在社会舆论的批评下，很快就消除了。随着文化衫的流行，原来属于穿在里面的一些服装，逐渐在款式上有所变化，也可以穿在外面了。如西服衬衫一改过去的贴身款式，袖、衣身都向宽松的方向发展，这样既可以作为内衣穿着，也可以作为外衣穿着。特别是女式衬衫，真可以说是花样百出，年年更新，每个季度都有最新的流行款式推向市场。

第二节　新中国服装的审美特征及成因

新中国成立之初，全国人民欢欣鼓舞，喜气洋洋，在穿着上也发生了很大的变化。很多要求进步的人们都穿上"毛式服装"、人民装、列宁装等。"老三样、老三色"就是那时对这些最流行服饰的统称。个别妇女或年轻女子穿着过膝的素花或黑色百褶裙，上套白衬衣，就算是最时髦的了。虽然这些服装在样式和颜色上都很单调，不时尚也不华丽，却代表了一个新时代的开始。旗袍、连衣裙、西装等服装曾成为封、资、修的象征，军便服则最为时髦，从而开始了"十亿人民十亿兵"的军便服时代。这时服装不仅表现艰苦朴素、勤俭节约的思想风尚，而且还被赋予了政治色彩。人们的穿着即表现出一定的政治态度和阶级立场。服装成为革命的表现，革命的一部分。1978年改革开放，社会经济的恢复发展带来我国服装行业的极大繁荣。这个时期我国最高领导人穿上了西装，很快西服成为全国最流行的服装。上至官员，下至农民工都纷纷穿西装，广大人民在着装上基本告别了"老三样"。80年代，牛仔裤、喇叭裤、五颜六色的T恤、尖头皮鞋等大批的国外流行服饰进入中国市场，首次对中国服装传统的审美观、价值观带来冲击。在思想解放与国民经济发展的前提下，人们追求服饰美的心理日趋强烈和成熟。中国服装无论是款式设计还是表现风格，基本上逐步和世界接轨，体现了服装的时尚、艺术、多元、个性等特征。90年代中期，以表现体形，具有大众化和随意性的牛仔裤、T恤以及可以显示女性体形的健美裤流行起来。这时世界品牌服装也登陆中国。中国服装首次突破传统，得到了解放。"老三样、老三色"彻底成为历史。90年代后期，人们对国际流行时尚服饰的渴望使中国服装业在服装时尚与实用并重的前提下更注重细节，创新出了随和又散发另类味道，体现自然、独立、简洁又具个性化方式的服装。进入21世纪，名牌时装走入寻常百姓家里。世界时装舞台与中国时装几乎同步发展，同步流行。民众在穿着上随意、自由，从花样迭出的着装变化中充分品味自己的人生价值、个性特色以及爱好，体味改革开放以来社会物质文化丰厚、国家兴旺发达给大家生活带来的美好。

第三篇
欧洲服装流行与审美变迁

第一章

古希腊的服装流行与审美

欧洲地中海是孕育世界古老文明的一个大摇篮，地中海沿岸的古代文化辉煌灿烂，成为欧洲文明的发源地。古希腊的文化艺术更是人类精神的宝库，她像明珠一样光芒四射。古希腊服饰风格的魅力是无限的，它所代表的精神，所体现出的人类对自然的崇尚和对人性的尊重，在许多历史时期都散发着巨大的影响力。与此同时，它又在不同的历史时期与当时的审美情趣、时代背景相融合，以不同的演化形式发生着丰富多彩的变化。

第一节　古希腊的流行服装

希腊位于地中海和爱琴海之间的巴尔干半岛，据《荷马史诗》传说，在多利亚人（希腊人的一支）进入希腊本土之前，曾有过两个叫克里特人（即米诺人）和阿契亚人（即希腊人）的族群，在希腊的克里特岛和迈锡尼一带生活并进入了奴隶制社会，他们创造了水平相当高的文化艺术。19世纪末20世纪初，欧洲学者相继发掘了克里特岛的诺萨斯宫殿、迈锡尼的古墓和传说中的特洛亚古城以及爱琴海区域其他一些地区的古迹，证实了这一传说。从其中一些建筑、壁画及工艺品来看，其文化艺术确已达到惊人的水平。在服饰方面，它们也为世界服饰史写下了辉煌而神奇的一页。19世纪法国的巴黎女郎在看到克里特岛发掘出土的女性雕像时，竟为5000年前的时髦装束而自叹弗如（图3-1-1）。从克里特"执蛇女神"雕像中我们清楚地看到当时女装的式样：上身是一件近似现代立体裁剪的短袖紧身衣，与现代女服相比其设计更加大胆、率真。前胸在乳房处开敞无扣，乳下则用绳扣紧紧束住，把乳房高高托起，裸露在外。腰处也收束得很细，下身则是在臀部膨起的逐层扩展的喇叭裙，有六七层之多。整个衣裙的造型，从上到下把女性所具有的美丽曲线都衬托出来。裙前有一小围裙状饰布，衣裙上的图案精美，色彩华丽。在迈锡尼的泰林斯城宫殿壁画遗迹中，其所描绘的女性形象和克里特妇女近似，但有小的区别：上衣的两前襟完全分开束在腰带中，胸部从腰以上皆裸露，下面的长裙似为裙裤，即长喇叭裤。

图3-1-1　执蛇女神①

　　男子的服装较简单，上身一般皆赤膊，下身主要为包缠型短裙。从壁画遗迹看，这种裙子短小，腰身束得很细。男子的胸前有项饰，头上戴有长羽毛装饰的帽子，帽上还有花饰。这种装束使男性精干俊

---

① 赵春霞：《西洋服装设计简史》，山东科学技术出版社1995年版，第13页。

美，与当时华丽的女性服装十分相配。人们对头部的装饰往往比身体
更重视，因为头部被看作是生命中最宝贵、最神圣的。男子们很早就
用羽毛来装饰自己的头部，而且一般都采用鹰的羽毛，原因之一是出
于图腾崇拜，其二是出于对权威和力量的崇拜。有的地方甚至以头上
所戴羽毛的多少来判断其战绩的优劣，后来逐渐成为纯粹的装饰品。
克里特时期男女都留长发并经过卷烫，形成一绺一绺的发卷，飘逸在
肩背（图 3 - 1 - 2）。公元前 12 世纪，克里特—迈锡尼文化突然中
断，继之而来的希腊文明似乎是重新开始，并没有直接承袭克里特—
迈锡尼的文化样式，在服饰上也大为不同。克里特—迈锡尼文化突然
中断的原因成为一个不解之谜，这更为克里特—迈锡尼文化增添了一
层神秘色彩。①

图 3 - 1 - 2 克里特男装②

希腊约于公元前 1000 年进入奴隶制社会，前 8 至前 6 世纪形成
了与埃及不同的奴隶主民主共和制政体，使希腊的政治及文化生活空

① 雷涛：《外国艺术设计史》，敦煌文艺出版社 2015 年版，第 56 页。
② 赵春霞：《西洋服装设计简史》，山东科学技术出版社 1995 年版，第 13 页。

前活跃，形成百花齐放、百家争鸣的局面。哲学家、演说家、艺术家人才辈出，古希腊人生活在浓厚的哲学思辨氛围中，造就了洒脱、浪漫而富有诗意的气质，推崇自然、潇洒与和谐之美，这在其艺术作品及服饰中都有充分表现。古希腊人崇尚勇武精神，推崇人的强健体格和健美身姿，这从许多古代希腊雕刻作品中都充分体现出来。古希腊服装表现出对自然的人体美的推崇。古希腊人的服装是以最自然形态的宽服大裙包裹身体，形成无形之形的服饰，服装本身虽然无形，但穿在人体上就会随身体结构自然下垂，能充分展现人体的自然之美，体现人的高贵气质和潇洒风度。古希腊服装虽然在技术上制作简单，但却体现了人类服饰的原始性，在审美上却有高度的魅力。

古希腊人喜用很大的整块面料制作衣裙，并要求衣料柔软轻薄。当丝织品从中国传入希腊后，富有者就用丝或丝麻混纺织物制作衣服，更是轻薄透体、飘逸如仙。古希腊人多喜穿白色，偶尔穿多层衣服时也配蓝、绿、黄、红、紫等色。[①] 按照古希腊人的观点，如果一个人的衣服比别人的干净、衣料比别人的精美、所戴配饰或所用香料与众不同，那么他看起来便是风雅的人。但是，雅典城内街道上走动的人群看起来都是千篇一律的，因为古希腊服装的构成极为单纯，仅为一块长方形的布料，不需要任何裁剪，通过在身上披挂、缠裹或系扎来表现优美的悬垂褶饰，属于宽松型的服装。

古希腊最具代表性的服装是希顿和希玛纯。希顿意为"麻布贴身衣"，是古希腊人男女皆穿的内衣，按着装方式和形态的不同，分为多利亚式和爱奥尼亚式两种。多利亚式希顿流行于公元前6世纪以前，着装方式如下：先把长方形的一条长边向外折，其折的量等于从脖口到腰际线的长度，然后把两条短边合在一起对折，把身体包在这对折中间，在左右肩的位置上从后提上两个布角，在前面用长别针固定起来，多余的布料自然垂挂在身上形成优美的垂褶。走动时长裙随风摇曳，在侧敞开处能使健美的身体部位时隐时现，整体上看上去十分潇洒。为了突出优美的衣褶和便于行动，在希顿上系一条腰带，系扎腰带时把布向上提一提，使布在腰带上方形成膨鼓的余量，以至下

① 张乃仁、杨蔼琪：《外国服装艺术史》，人民美术出版社1992年版，第34—37页。

垂盖住腰带并在腰带处随意调节垂褶的疏密（图3-1-3）。爱奥尼亚式希顿原是小亚细亚西岸爱奥尼亚人穿的衣服，公元前6世纪传入雅典。两种希顿的流行虽有先后，但在很多地区并存。一般年轻人喜用多利亚式，而中年以上的人则喜用爱奥尼亚式。

爱奥尼亚式希顿与多利亚式希顿的服装结构是有区别的，具体表现在以下几个方面：爱奥尼亚式希顿取消了衣服上的折返，轻薄的亚麻材料取代了多利亚式希顿厚重的羊毛材料，使服装显得更加有垂坠感；尖头别针由安全别针取代，固定的位置除了用别针外，也用细带系结并利用细带抽褶产生袖子造型的变化；穿爱奥尼亚式希顿的妇女不再像多利亚式那样在身体两侧留敞开的侧缝，而是将腰带的位置上移，使整体造型更加柔美优雅（图3-1-4）。

希玛纯是一种男女都穿的披风，一般披在希顿外面。希玛纯无固定造型，从用途上分为有里子外用的和无里子的平常用的两种，其材料按季节分别选用毛织物或麻织物。希玛纯可以包裹全身或是简单的披挂在双肩。希玛纯传统的披法是：先将布搁在身前，一端搭在左肩上松垂及地，然后将下端往上拉，再通过后背从右臂下方向上提起，最后绕回到左肩（图3-1-5、图3-1-6）。

图3-1-3　多利亚式希顿①　　　图3-1-4　爱奥尼亚式希顿②

---

① 李当岐：《西洋服装史》，高等教育出版社2005年版，第88页。
② 同上书，第92页。

图3-1-5　古希腊人的希玛纯①

图3-1-6　古希腊女子的希玛纯②

第二节　古希腊服装的审美特征及成因

　　古希腊美学是西方美学的最初形态，它植根于希腊的文化精神，渊源于具有"永久魅力"的古希腊艺术，伴随着哲学与文化的进展，

---

①　李当岐：《西洋服装史》，高等教育出版社2005年版，第95页。
②　郑巨欣：《染织与服装设计》，上海书画出版社2000年版，第87页。

逐步形成于古希腊人的审美意识之中。随后，通过古希腊人数世纪的不断追寻与探究，才由艺术家、哲学家、思想家甚至政治家共同努力，研究并概括出某些普遍的审美原则，从而初步奠定了古希腊美学的思想基础。古希腊美学是西方美学发展的伟大开端，是后来西方多种美学思想与美学流派的最早源头之一，同时也鲜明地体现出古希腊文化精神的独特风貌。

古希腊服饰审美注重再现人之"形体"。古希腊精神文化中最核心的内容莫过于其世俗人本主义思想，重视个体的人的价值的实现，强调人在自己的对立物——"自然和社会"面前的主观能动性，崇尚人的智慧，是古希腊文化的本质特征。在这种文化土壤中产生的古希腊服饰呈现出张扬个性、开放自由、突出人体自然美的艺术特征。作为欧洲文明的发祥地，古希腊独特的历史文化背景孕育了古希腊人开放、外向的思维方式与浪漫的情怀，培养了古希腊人民主、自由、平等的思想，这些都体现在对人体美的推崇上。在古希腊人眼中，人体美集中了天地万物之精华美，是世界上最具神圣意义的艺术美。基于这样的审美理念，服装只是人体的附属，其功能是为了展示、突出人体之美，而"人体"则成为构成服饰美的真正主体。为了充分展现人体之美，古希腊的服饰无论在造型、色彩、图案，还是材质、工艺、穿着状态等方面都可谓"匠心独运"。"希玛纯"是古希腊男女普遍穿着的日常服，为了充分展现人的形体美，希玛纯的"形"简化到了近乎"无形"极致，就是一块不经过任何裁剪和缝制的布料，通过披挂、裹缠等方式来彰显人体的"形"。看似简单的一块布料，借助不同披挂、裹缠方式来装饰人体，能产生出千差万别的形象，具有无尽的随意性和灵动性，可谓大美无形。此外，为了充分彰显人体的健康、自然美，古希腊服装的色彩和图案也简约到了极致——希玛纯通常为本白色亚麻布且没有图案装饰，这样一来，人体的美就不会被服装艳丽的色彩和花哨的图案所遮盖。为了逼真地再现人的"形体"之美，服装的材质与工艺也遵循"少即是多"的原则，"希顿"就是一个典型例子。"希顿"是古希腊人最常穿的服装之一，以轻薄的本白色亚麻为主，悬垂特别好。这种服装不需要裁剪，直接将布料悬挂或裹缠于人体即可。虽然没有经过服装工艺制作加工，但是经过披挂、裹缠的亚麻布会随人体结构的凹凸起伏形成自然流动的线条和丰富优美的褶襞，既能充分展示人体的自然形态美，同时也能满足人的活动机能，使人体得到最大限度的自由并处于最自然的状态，服装与人体达到了高度和谐的状态。此外，古希腊人认为人体最美的状态是裸态，穿服装会在一定程度上减弱人体的美，因此，在裹缠、披挂服装的时候尽量裸露部分身体，以便直接展现人体美，这进一步体现出古希腊人开放的审美观。

古希腊人的服饰审美侧重于"真"，服饰审美的目光是向外的，他们把对服饰美的追求置之于对人体的科学分析之上，以严谨的科学方法如实地再现人体之美，探索服饰美的规律。在古希腊人的审美观念中，人体之美是最极致的美，而人体具有自身美的比例关系，服饰要达到美的极致就要遵循这些比例和法则。古希腊毕达哥拉斯学派提出："美在于对称和比例，美是由一定数量关系造成的。"该学派还提出了著名的黄金分割法并将这一法则运用于服饰当中，例如：古希腊女子的多利亚式"希顿"，其向外翻折的底边正好与着装者的肚脐平齐，而肚脐恰好是人体的黄金分割点；雅典娜女神的"希顿"用一条系在肚脐位置的腰带来调整服装的整体比例；古希腊男子的"希顿"，其长度通常及膝，而膝盖恰好是腿部的黄金分割点；古希腊男子的外套"希玛纯"，其长和宽的比例接近于黄金比例；等等。可以说，在古希腊人的服装中，黄金法则的运用随处可见，也正是由于古希腊人这种以科学态度"真"中求美的独特方式，才使古希腊服饰呈现出独特的审美特征。

第二章

古罗马的服装流行与审美

第一节　古罗马的流行服装

　　继古希腊文明之后崛起的古罗马文化是欧洲奴隶社会文化艺术最后的高峰，它不仅继承了古希腊和波斯诸国的文化精髓，而且还汇集了罗马帝国成员国中各个民族的艺术传统，并在此基础上创造了自身的文化。在服装上，以宽松肥大的长袍将缠绕艺术推向高潮并使之成为罗马文化的象征。

　　古罗马时期的服装由羊毛、亚麻、棉花和丝绸面料制成，色彩丰富并饰有各种流苏和饰带，标志着褶皱工艺的顶峰。古罗马服装主要由缠腰布、一件或多件长袍以及宽大的托加组成。从大量古罗马艺术作品和文字记载看来，宽大的左缠右掩、前折后垂的皱褶长袍代表了罗马人在公元前后几个世纪中的主要服装风格。裁成半圆形状的、取名"特拉贝阿"的托加短袍兴起于伊特鲁里亚时期，最早的古罗马人直接把它穿在苏布里加库罗外面（它大概就像古埃及的埃克索米斯一样，可以同时当作长袍、外套和铺盖），将身体紧紧裹住，同时用衣褶将右臂裹在里面紧贴身体，外面再穿上其他长袍。在共和时期的最后一个世纪和帝国时代初期，托加开始变宽变长，它的衣褶被弄得极其复杂，以至于必须有一个奴隶帮忙才能穿上。当时的托加长4.57米，宽1.83米，穿着方法是：面料从左肩经过，形成第一道褶皱群，然后在后背展开，再从右腋兜回，在胸部翻起，形成第二道褶皱群，而开始搭在左肩的下摆还要再向上拉紧以便形成第三道褶皱群。

　　随着帝国疆域的逐步扩大，古罗马人开始借鉴殖民地人民的穿衣习惯，托加渐趋式微，最后只剩下元老院议员和天主教神职人员穿用。从2世纪起，托加只有在隆重仪式上才穿用，在其他场合，它被古希腊服装中的轻薄外套"帕留姆"、前开襟戴帽的"拉凯鲁那"宽外套以及带风帽的不开衩"佩奴拉"斗篷所代替（图3-2-1，图3-2-2）。

图3-2-1　穿托加的罗马皇帝①　　　图3-2-2　古罗马男子的服装②

　　女子服装与男子服装没有太大区别，但也包括几种特殊的衣服。最初，古罗马女子除了缠腰布和作为乳罩鼻祖的"斯特罗菲吾姆"外，还穿着宽外袍。后来，这种宽外袍很快被"斯托拉"取代。斯托拉是一种褶皱丰富、又宽又长的外袍，用两根带子束在腰部和胸部，穿在苏布库拉外面。在斯托拉外面，她们还要披上一块长方形面料"帕拉"，常用圆形的饰针固定在双肩当作外套（图3-2-3）。③

---

　　①　［法］暐朗索瓦·玛丽·格罗：《回眸时尚：西方服装简史》，中国纺织出版社2009年版，第33页。

　　②　江平、石春鸿：《服装简史》，中国纺织出版社2002年版，第57页。

　　③　［法］暐朗索瓦·玛丽·格罗：《回眸时尚：西方服装简史》，中国纺织出版社2009年版，第34—35页。

图 3 - 2 - 3　古罗马女子服装①

　　古罗马帝国彻底消亡后，古罗马服装依然产生着巨大影响，不仅影响了后来的拜占庭帝国，使后者的服装传统融合了东方风格并一直保持到 15 世纪，而且在其所占领的国家和中世纪欧洲地区也持续了很长时间。古罗马服装如同其建筑一样，至今仍然是西方服装设计的灵感源泉。

第二节　古罗马服装的审美特征及成因

　　古罗马服装是以悬垂的线条来表现人体的自然美。在造型上，古罗马的服装与古希腊的服装相似，简练朴素，追求自然。从古罗马人所穿的托加、帕拉来看，在穿用时无须将布料裁剪成各种形状，而只需将整块布对折，头、手伸出，前后搭在肩上，然后用饰针等固定物加以固定，让其自然下垂形成松松的衣褶，这些自由下垂的衣褶会随着人体的动作而不断变化，从而显示出穿着者的人体美。古罗马托加的衣褶沉重而有深度，尤其罗马男子穿着，更显出他们的威武和高

_____

　　① ［英］苏姗·麦基弗：《古罗马》，新蕾出版社 1998 年版，第 54 页。

傲。人体美通过服装得到了更好的显现，古罗马的服装正是以其优美悬垂的线条来表现人体的自然美。这样的衣服如果离开了人体，仅是一块布而已。古罗马服饰的这一特点在一定程度上受到当时哲学思想的影响。虽然古罗马的服装离开人体就仅是一块布而已，但是在折叠、缠裹和披挂过程中，却显示出了和谐、适度的比例关系，在保存下来的古罗马建筑、雕塑等上面都可以发现这种造型。这种特点的形成与当时思想领域中对美的看法有关，同时也在一定程度上反映了当时罗马人的审美观。在穿着方式上，以"贯头型"和"披挂型"为主。这是两种比较简单的穿着方式，它们的出现适应了当时古罗马较低的生产力水平和古罗马的民族精神。此外，古罗马服装还是身份、等级、地位的象征。在古罗马，不同等级的人穿什么样的衣服都有严格规定，并以颜色上的变化作为标志，古罗马服饰已成为身份、地位、等级的象征。颜色在古罗马的服饰中也占有重要地位。普通成年公民所穿的托加是简朴而没有装饰的，是天然毛料的颜色；平民的服色多为深灰、浅灰或褐色，只有参加选举的候选人才穿着纯白色的托加袍，以便在集会场中更加显眼；妇女的服色较多，有紫色、红色、蓝色、绿色、黄色等；古罗马贵族、执政官、皇帝、将军等有很高社会地位的人，所穿的托加无不以紫色作为服色。对罗马人来说，紫色意味着诱惑和财富，象征着高贵和权力。服装的颜色还反映不同职业和寄托某种象征意义，如哲学家身穿蓝色的长衣，象征他们的学识像海洋、宇宙那样深邃渊博；占卜者、星象家身穿白色的长衣，表示他们诚实可靠，从不欺骗别人，因为白色是纯洁正直的象征；等等。古罗马服饰这一特点的成因与古罗马当时的社会政治是相关的，并在一定程度上反映了当时的社会现实。古罗马是一个等级界限非常严格的社会，这一社会现实影响了古罗马的服饰，使其刻上了等级、地位的象征意义。

第三章

中世纪的服装流行与审美

中世纪主要指欧洲罗马后期至文艺复兴前的时代,约4、5世纪到15世纪。中世纪的服装在地域上分为欧洲和近东,欧洲部分在时间上分为"文化黑暗期""罗马式时期"和"哥特式时期",此期间欧洲战争频繁,宗教纷争,封建制度建立,这都影响及改变着人们对文化艺术和生活的意识。近东指拜占庭帝国,395年,东罗马帝国改为拜占庭帝国,从而产生了糅合东方美的拜占庭文化——君士坦丁堡文化。拜占庭文化同时继承和发扬了希腊、罗马的文明和艺术风格。

第一节 拜占庭的流行服装

随着罗马帝国的分裂,在4世纪前后,东罗马帝国的首都拜占庭成为经济、文化中心,故东罗马帝国亦称拜占庭帝国。拜占庭信奉基督教,同时吸收阿拉伯的伊斯兰文化,并保留了较多的希腊、罗马文化,产生了一种新的文化形式:希腊—罗马式。从此,教会不仅在文化生活中,甚至在整个社会里都扮演着非常重要的角色,国王同时主宰着世俗社会与宗教社会。从拜占庭的服装风格中,我们可以明显地看到东西方文化交汇的影子。这个时期的服装由绕体式演变为缝制式,形成更加清晰也更为奢华的衣服结构。由于当时教会的权力高于一切,而基督教强力推行禁欲主义,受此影响人们不得不按照法令限制自己的服装。女子浑身包裹得严严实实,不露肌肤、不显体型。豪门贵族通过色彩丰富,饰有刺绣、宝石和珍珠的真丝、锦缎面料做成衣服来炫耀自己的高贵地位。普通百姓只能穿朴素的羊毛或亚麻布做的衣服（图3-3-1、图3-3-2）。

图3-3-1 查士丁尼皇帝与大臣的服装①

图3-3-2 拜占庭皇后及侍从的服装②

---

① 冯泽民、刘海清：《中西服装发展史》，中国纺织出版社2008年版，第221页。
② 华梅：《西方服装史》，中国纺织出版社2003年版，第58页。

第二节 文化黑暗时期的流行服装

　　5—10 世纪，欧洲各新兴封建王国长年混战不休，民不聊生，政治混乱、文化落后，一般把这个历史时期称为欧洲文化的黑暗时代。这时，基督教已成为封建社会的精神支柱，教会发展成为强大的封建势力与封建统治者勾结，垄断了教育，推行愚民政策，向人们灌输迷信思想，宣传虔诚、禁欲、恭顺、服从以及死后升入天堂的来世观和以神为中心的神秘主义。以意大利的罗马为首都的西罗马帝国于 476 年因奴隶起义和日耳曼人入侵而灭亡，从此欧洲结束了奴隶制社会，步入封建社会，日耳曼人也以此为契机成为欧洲历史舞台上的主要角色。

图 3 - 3 - 3　日耳曼人的服装①

　　日耳曼人自公元前 5 世纪起生活在北欧寒冷地区，过着以狩猎为

---

　　① 布朗：《世界历代民族服饰》，四川民族出版社 1988 年版，第 14 页。

主的生活。1世纪前后，他们分为东、西、北三支向南辗转迁移，逐步形成了西欧社会封建割据的新局面。处于严寒地带的日耳曼人，从御寒这个生存目的出发，其服装是封闭式的、窄小紧身的、四肢分别包装的体形型样式。为了便于活动，自然分成上衣和下衣二部式结构，而且从一开始就要裁剪，这是与其原始的狩猎生活相应的。衣料多为动物的毛皮和皮革，后来才出现了粗糙的毛织物和麻织物（图3-3-3）。随着日耳曼人与罗马人的接触和交流，服装也明显受罗马文化影响，男子在丘尼克和长裤外披上了罗马式的萨古姆，日耳曼人的萨古姆多是有红色或紫色缘饰的绿色毛织物。有的布料上还有醒目的条饰，可以看出拜占庭文化的影响。为了防寒，常在头上戴皮帽或毡帽，战士打仗时戴头盔。日耳曼女子服装也沿用了罗马末期的达尔玛提卡，只是把克拉比装饰变成沿领围一圈后中心一条的形状。为了御寒，常把两件达尔玛提卡重叠穿用，内层的达尔玛提卡为窄袖口的紧身长袖，外层为宽松的半袖或喇叭状的长袖，袖口上还装饰有刺绣纹样，系腰带。头上包着头纱，这种长及下摆的头纱不仅包头后披在身后，还常像披肩似的包住双肩，贵族妇女还常在头纱上面戴冠。日耳曼人以留长发为荣，男子头发齐肩，女子把长发编成发辫垂在身后，也有用羊毛制成假发的，常喜欢把头发或假发染成红色。对于日耳曼人来讲，长发是自由的象征，短发则意味着屈从。但随着时代的变迁，他们也开始接受罗马文化，男子开始留短发，女子也有把头发盘成像拜占庭妇女那种发型的。日耳曼人的鞋子很简单，是鹿皮靴或扣襻便鞋，也有木底生皮靴子，靴长及膝，饰有美丽的花纹。服饰品有别针、臂饰、项链、项圈、发夹、手镯、戒指等，特别是项圈，是日耳曼人特有的服饰品，很重，是财富的象征。[①]

第三节　罗马式时代的流行服装

罗马式是指以古代罗马艺术为基础的统一艺术样式。罗马式时代为10—12世纪。11世纪时，罗马教皇和西欧的封建主向地中海发动了

---

①　黄能馥、李当岐：《中外服装史》，湖北美术出版社2002年版，第102—103页。

侵略战争十字军东征。这场战争引入了东方的服装文化，使欧洲服饰再现光彩。这一时期的欧洲服装，是日耳曼文化吸收基督教艺术和罗马艺术而形成的，是欧洲服饰从古代宽衣向近代窄衣过渡的一个历史阶段。罗马初期的服装是全身掩盖式，头上垂纱。罗马后期，女装收紧腰身突出体形和曲线，是以服装显示性别的开始。罗马式时代，欧洲盛行纹章。1095年，十字军在战服和盾牌上画红色的十字标记。随后整个欧洲兴起纹章热，贵族们以各种图案组成纹章作为家族及个人标记。

图 3 - 3 - 4 　罗马式时代的男装和女装①

罗马式时代，贵族们时兴穿紧身服连衣裙，其上身和袖子较窄，裙摆宽松，裙脚开衩，加上彩色饰边，镶嵌珠宝、黄金，高贵而华丽。男子喜欢穿袍，是披挂式的，没有纽襻，圆形，宽大，用以包裹住全身。女子常穿大披肩、斗篷，其特点是尽可能把肌肤包裹起来，有时连脖颈和下颌也用布包起来（图 3 - 3 - 4）。分色服是罗马式时代的典型服装。分色服起源于纹章不对称的色彩构图，服装设计师将

---

① 刘瑜：《中西服装史》，上海人民美术出版社 2007 年版，第 17 页。

其用于服装上，从而产生了多姿多彩、别具一格的服装。分色服在男女服装上都展现了不同的设计。男子服装多为裤子的分色，如左边裤腿为红色，右边裤腿为绿色。女子服装则是纹章与色彩不对称的搭配，在贵族礼服上应用较多。筒形长外衣为男女通用，是罗马式时代特有的外衣，用料有丝织物和毛织物。长外衣的领、袖、下摆都有滚边及刺绣缘饰。女装衣长于男服，袖口呈喇叭形。罗马式后期女子的长外衣用纱制作，内穿内衣及底裙，袖和裙摆都垂着皱褶，加上手臂若隐若现，产生柔美动人之感（图3-3-5）。①

图3-3-5　罗马式时代的筒形外衣②

第四节　哥特式时代的流行服装

12—13世纪，欧洲强大的封建领主们大部分参加了十字军，而且将东方各国丰富的生活方式带回国。战争结束后，从13世纪下半叶到15世纪，随着社会秩序的安定，领主们千方百计地改善自己的生活环

---

① 江平、石春鸿：《服装简史》，中国纺织出版社2002年版，第73—74页。
② 刘芳：《中西服饰艺术史》，中南大学出版社2008年版，第112页。

境。于是，他们抛弃了以往的罗马式服装，以全新的艺术形式再造服饰风格。经济的发展，社会的稳定和新审美取向的确立，使服饰趋于形式化和功能化，在整个欧洲大陆形成了一种跨区域的时尚风格。"哥特式"是12世纪末首先在法国兴起，随后于13、14世纪流行于全欧洲的一种建筑形式。"哥特式"这一名词是16世纪由意大利人提出的，实际上它与哥特人并无关系，而是以一种贬抑鄙视的态度加给它的。因为16世纪意大利文艺复兴的艺术思潮是崇尚古希腊、古罗马的艺术风格，而这种建筑迥异其趣，因此诋之为野蛮样式，而欧洲总是把哥特人当作蛮族来看待，所以借用来强加给这种建筑形式。

图3-3-6　哥特式建筑①

　　哥特式艺术其实是封建中世纪最光辉、最伟大的成就，它是当时人们智慧的结晶，无论建筑工程技术还是艺术手法都达到了惊人的高度。尽管哥特式由罗马式发展而来，就建筑样式而言，却一反罗马式建筑那厚重阴暗的半圆形拱顶，广泛采用线条轻快的尖形拱券、造型挺秀的尖塔、轻盈通透的飞扶壁、修长的立柱或簇柱以及彩色玻璃镶嵌的花窗，造成一种向上升华，神秘天国的幻觉（图3-3-6）。垂

---

　　①　李建群：《欧洲中世纪美术》，中国人民大学出版社2010年版，第201页。

直线和锐角的强调是其特征，它反映了基督教盛行时代的观念和中世纪城市发展的物质文化风貌。此时的服饰与欧洲的其他艺术一样，同样受到哥特式建筑风格强有力的影响，在整体服饰上多强调纵向的垂直线，并有意地延长帽式，拉长足饰，加大人体的视觉高度，造成一种轻盈向上的感觉。14 世纪中叶，出现了男、女衣服造型上的分化，男子服装为短上衣和紧身裤组合成上重下轻的、富有机能性的 T 形廓形；女服则为上半身紧身合体，下半身裙子宽大，形成上轻下重的 A 形廓形，更富装饰性。从 14 世纪中叶一直到 20 世纪初，男女服分别随时代变化而演绎出许多令人眼花缭乱的样式，但由此诞生的男女装基本廓形却很少改变（图 3 - 3 - 7）。①

图 3 - 3 - 7　哥特式时代的婚礼②

14 世纪中叶的欧洲，男性服装发生了急剧的变化，出现了"普尔波万"。"普尔波万"原意指"布纳起来的、绗缝的衣服"，本来是穿在士兵锁子甲里面或外面、为防止肉体损伤用数层布纳在一起的结

---

①　孙世圃：《西洋服饰史教程》，中国纺织出版社 2000 年版，第 53 页。
②　阎维远：《西方服装图史》，河北美术出版社 2005 年版，第 20 页。

实上衣。最初普尔波万的衣长及膝，到 14 世纪中叶，衣长变短到腰或臀并在一般男子中普及。这种衣服很紧身，前面用扣子固定，胸部用羊毛或麻屑填充，使之鼓起来，而腰部收细，袖子为紧身长袖，从肘部到袖口用一排扣子固定，一般无领。普尔波万的用料豪华，有天鹅绒、织锦、丝绸和高档的毛织物等。以扣子固定是普尔波万的一大特点，据说这种形式是从亚洲服装上引进的，富有功能性。从此，这种形式被固定在西欧人的着衣习惯中，扣子也正式进入欧洲历史。当时人们不仅把扣子作为固定衣服的实用部件，还把它作为装饰，使用的数量也远远超过实际所需（图 3 - 3 - 8）。

图 3 - 3 - 8　普尔波万①

穿普尔波万的同时，要配一条将脚和腿遮没的长袜，这种服饰称为"肖斯"。中世纪初期是男女皆用的袜子，随着男子上衣的缩短而向上伸长到腰部，依然左右分开，无裆，各自用绳子与外衣或内衣的下摆连接。从着装外形上看，很像紧身裤。过去男子穿的裤子"布

---

① 冯泽民、刘海清：《中西服装发展史》，中国纺织出版社 2008 年版，第 231 页。

莱"随之变成短内裤,穿在肖斯里面。肖斯在脚部的形状有的保持了袜子状,把脚包起来,脚底部还有皮革底;有的进化为裤子状,长及脚踝。肖斯的用料有丝绸、薄毛织物、细棉布等。普尔波万与肖斯组合成的这种富有功能性的上重下轻的二部式取代了传统的一体式筒形服装,使男服和女服在穿着形式上区别开来,衣服的性别区分随之在造型上明确下来。①

13世纪,人们在穿衣方面很注重内衣、外衣以及不同服装款式之间的搭配,像当时流行的修尔科、科特等服装大都可以单独穿着,也可以组合穿着,这种既考虑单穿,也考虑组合搭配的设计,明显比以前进步。科特是一种男女同形的筒形衣服,女服收腰、强调曲线美,袖子与罗马式时代的服装不同,是宽松的连袖,从肘部到袖口收紧,用一排扣子固定。男子的科特原是日耳曼人穿的丘尼克,13世纪变长,一般为素色毛织物。正式场合或外出时,人们在科特外罩一件修尔科贯头式筒形外衣。修尔科的袖子长短、宽窄变化很多,也有无袖的。男子修尔科的袖子常在腋下开口,胳膊可从这儿伸出来,让袖子垂挂在肩上。女子修尔科常系一条腰带,为了行走方便或有意露出里面的科特,常把修尔科前摆提起来一些夹在腰带里(图3-3-9)。

图3-3-9 修尔科②

---

① 孙世圃:《西洋服饰史教程》,中国纺织出版社2000年版,第60—61页。

② 同上书,第57页。

14 世纪，流行的女服科塔尔迪的结构特点是敞胸、前襟锁扣，所以服装从腰到臀与整个胴体非常贴合。臀围以下裙子嵌入多块三角形布，宽松地任其自然下垂。科塔尔迪的袖子很细而且紧贴手臂，袖肘处垂饰一条长短不等，宽约 7.5 厘米的布带，此布带叫蒂佩特，通常是裁剪袖子时留出来的，也有的是用异色布另外缝上去。这种装饰看起来有些怪诞，也是中世纪前期不曾有过的大胆的装饰，所以叫科塔尔迪，意思是大胆的衣服。与女式科塔尔迪相比，男式的衣身较短，一般长至膝盖，看起来像现代短身连衣裙（图 3－3－10）。

图 3－3－10　科塔尔迪①

中世纪的尖头鞋最早是从 13 世纪的波兰流行起来的，后来传入西欧，当时的尖头鞋叫波兰那。据文献记载，14 世纪尖头鞋的长度

---

① 李当岐：《西洋服装史》，高等教育出版社 2005 年版，第 152 页。

达到高峰，最长的波兰那有1米左右，尖头鞋多余部分用苔藓之类的东西填塞。由于鞋子过长妨碍行走，所以一些人将鞋尖向上弯曲，用金属链把鞋尖拴回到膝下或脚踝。另外，不同阶层的人所穿鞋的长短也不一样。在像罗马等宗教文化非常浓厚的城市，尖头鞋的长度规定为6或6的倍数，如12、18、24英寸等，是将鞋子与宗教意义相联系（图3－3－11）。①

图3－3－11　哥特式时代的尖头鞋②

　　汉宁是一种圆锥形的高帽子，是哥特式尖塔的直接反映。制作方法是：首先用糨糊把布粘成圆锥状高筒，然后在这高筒上裱一层华美的面料，如花缎、织锦、平绒等。帽口装饰有天鹅绒，披下来到肩部。帽尖装饰着很长的贝尔——里里佩普，最长可垂至地面。帽子的高度以身份高低来定，据说最高可达1米以上。女子一般都把头发全部盖住，盖不住的除额头留有少量卷发外，其余全都剃掉（图3－3－12）。

---

　　①　郑巨欣：《染织与服装设计》，上海书画出版社2000年版，第79—82页。
　　②　孙世圃：《西洋服饰史教程》，中国纺织出版社2000年版，第55页。

图 3 - 3 - 12　戴汉宁的女子①

第五节　中世纪服装的审美特征及成因

拜占庭文化是希腊、罗马的古典理念、东方的神秘主义和新兴基督教文化这四种完全异质的文化的混合物。随着基督教文化的展开和普及，服装外形慢慢变得呆板、僵硬，逐渐失去古代流动的、自然悬垂的褶皱之美，把表现的重点转移到衣料的质地、色彩和表面装饰纹样的变化上。受基督教文化的影响，服装使人感到否定人的存在的一种抽象的、绝对的宗教性。罗马帝国初期，基督教传入并影响了服装的审美，女性服饰变得相当保守，出现把身体紧紧包裹起来的服装款式。罗马式时代，日耳曼人在长期接触罗马文化及拜占庭文化的过程中，逐渐吸收其营养，再加上基督教的普及而形成的南、北、东、西方文化的混合物。服装文化也与其他文化现象一样，是南方型的罗马

---

① 冯泽民、刘海清：《中西服装发展史》，中国纺织出版社 2008 年版，第 232 页。

文化与北方型的日耳曼文化和十字军带回的东方拜占庭文化的融合。在形式上一方面继承了古罗马和拜占庭的宽衣、斗篷、风帽和面纱等，另一方面保留了日耳曼人的紧身窄衣式样。这个时期既是日耳曼人吸收基督教和罗马文化后，逐渐形成独特的服装文化的过程，又是西洋服装从古代宽衣向近代的窄衣过渡时徘徊于两者之间的一个历史阶段，那深深扎根于人们心目中的信仰生活以及由此产生的追求心理安定的强烈愿望，表现在服装上就是不显露形体，从头上垂下的面纱把全身都掩盖起来，这种僵硬的外形，与当时的建筑一脉相承。哥特式时代，包裹人体的衣服由过去的二维空间构成向三维空间构成方向发展。服装在裁剪方法上出现了新的突破，新的裁剪方法是从前、后、侧三个方向去掉了胸腰尺寸之差的多余部分，这就是我们现在衣服上的"省"。正是这种技术的运用才把衣服的裁剪方法从古代的二维空间构成的宽衣那里彻底分离出来，确立了近代三维空间构成的裁剪制衣方法。从此，东西方衣服在构成、形式和构成观念上彻底分道扬镳。其中"省"的出现和利用发挥了关键作用，省改变了只从两侧收腰时出现的不合体的横向褶皱，把躯干部分的自然形表现出来，人体的曲线美由此产生。

第四章

文艺复兴时期的服装流行与审美

文艺复兴是发生于 14 世纪至 17 世纪的欧洲资产阶级文化运动，其最先发端于意大利，15 世纪后半期扩及欧洲许多国家，16 世纪达到高潮。文艺复兴新思潮活跃在社会各领域，宣扬人生价值和人性自由解放，使追求美饰美物、追求奢华富有的风气日益盛行。文艺复兴使服饰从中世纪"神"的世界进入明朗的"人"的现实生活。文艺复兴时期的服饰，大体分为三个阶段：意大利风时代（1450—1510）、德意志风时代（1510—1550）、西班牙风时代（1550—1620）。

第一节　文艺复兴时期的流行服装

一　意大利风时代的流行服装

意大利是文艺复兴的策源地，意大利风时代的服装特色体现在两个方面，其一是面料，其二是独立剪裁、独立制作的袖子。意大利风时代服装的特色是从面料开始形成的。由于意大利当时大量生产天鹅绒、织锦缎等华贵面料，这些精美的面料本身就具有相当高的欣赏价值，因此，人们尽量展开面料，使服装出现宽大的平面效果。另外，内衣多为白色的亚麻布面料，外衣的面料多为厚实的织锦缎、天鹅绒以及华美的织锦金，为了使服装符合人体结构和方便运动，通常在关节处留出缝隙并用绳带连接，使里面的白色内衣露出来，形成独特的装饰效果。同时，在此基础上逐步形成了可以摘卸、独立剪裁、独立制作的袖子。这一时期的女子穿"罗布"，罗布是在腰部有接缝的连衣裙，袒胸、领形有大方形领、V形领或一字领，高腰身，衣长及地，袖子有紧身筒袖，或用绳子一段一段扎起来的莲藕袖，在肘、上臂、前臂有许多裂口，从裂口处可看到里面雪白的修米兹（图3-4-1、图3-4-2）。另外，女装中还流行带有华丽刺绣的外衣曼特，曼特的领子开得很大，高腰拖裾，色彩明快；袖子作为装饰系在曼特上，可以摘卸和更换不同的花色和袖形。随着裙子日益肥大，影响了女性的整个着装比例，于是，这一时期的女子开始穿一种高底鞋——乔品，以便使身材显得修长美丽。

图3-4-1　意大利文艺复兴时期的女装①

---

① 李当岐：《西洋服装史》，高等教育出版社2005年版，第171页。

图 3 - 4 - 2　意大利文艺复兴时期女装上独特的袖子①

　　意大利风时代的男装仍然是普尔波万与肖斯的组合，内衣为白色的亚麻布制作的修米兹。普尔波万的衣长及臀底、系腰带，衣身曾一度变宽，后来又变窄；领子有圆领、鸡心领和立领，后来受西班牙服装的影响出现了高立领；肖斯很紧身，有时穿半长靴。外出时穿外翻领的大袍子嘎翁，长度及臀或膝，常在伸胳膊的地方装饰假袖子（图 3 - 4 - 3）。

图 3 - 4 - 3　意大利文艺复兴时期的男装②

---

①　张朝阳、郑军：《中外服饰史》，化学工业出版社 2009 年版，第 198 页。
②　同上书，第 197 页。

二　德意志风时代的流行服装

德意志风时代的服装，其主要特色是斯拉修装饰。斯拉修是裂口、剪口的意思，是指流行于 15—17 世纪的衣服上的裂口装饰。关于这种装饰的起因有两种说法：一种说来自瑞士佣军的军服。1477 年，瑞士佣军在南锡打败勃艮第公爵查理，这些远征而来的瑞士兵把敌军的帐篷、旗帜及遗物中高贵的丝织物撕成条来缝补自己那破烂不堪的军服，军服上补过的和没补过的地方在色彩、质料上形成鲜明的对比，这种服饰效果使德国佣兵很感兴趣，他们有意模仿瑞士兵的服饰效果，把衣服剪开口子，让异色的里子或白色内衣露出来。另一种说法认为，这是来自冷兵器战争时代的刀剑划痕，德国士兵为了炫耀自己作战勇武而创造的一种装饰手段。这种来自军服的装饰逐渐被一般人采用，首先在德国发展和流行开来，并且很快传遍欧洲各国，成为文艺复兴时期男女服装上独具时代特色的一种装饰（图 3 - 4 - 4）。①

图 3 - 4 - 4　有斯拉修装饰的女装和男装②

---

① 李当岐：《西洋服装史》，高等教育出版社 2005 年版，第 173 页。
② 袁仄：《外国服装史》，西南师范大学出版社 2009 年版，第 79 页。

图3-4-5 德意志风时代的男装①

在德国的男装中，普尔波万与哥特式时代的基本相似，只不过改称达布里特，无领，里衬多用细亚麻布，外面布料常用纹锦，内衣领子很高，有细小的褶饰。整个造型还是强调肩部，形成上宽下窄的倒三角形。在达布里特外面穿一种带裙身的上衣茄肯，茄肯常取代达布里特直接穿在内衣外面。因穿于达布里特外面，所以十分宽大，常用皮带在腰间收紧，领子有各种造型，如V形、U形和方领、高立领等，下摆有褶，或紧或松，袖子有长有短，甚至无袖，多以豪华织锦缎为主且用皮毛做装饰。另外，还有一种外出服夏吾贝，夏吾贝即哥特时期的曼特，衣长及膝或踝，与哥特时期的曼特相比，衣身、袖子很宽松，有毛皮里子或毛皮边饰；大翻领、有假袖，强调或夸张肩部造型，常与达布里特、茄肯一起搭配穿着（图3-4-5）。

德意志风时代的女服样式主要有罗布和科拉，其特征是女装的领口上移，抽出碎褶，窄肩，细腰、袖子变瘦，使上身在视觉上缩小，同时加强下身裙部的膨胀丰满，常在里面穿几层亚麻内裙。这时，德国已经强调用填充物塑形并基本确立了男装以上体为重心、女装以下体为重心扩张的基础。德意志风时代的女装罗布与意大利式的女装罗布在外形上区别不大，也是一种在腰部有接缝的连衣裙，袒胸、大方形领、V形领

---

① 黄能馥、李当岐：《中外服装史》，湖北美术出版社2002年版，第118页。

或一字领；高腰身，衣长及地，只是在袖子上有变化，德国女装罗布的袖子在肩部多了斯拉修装饰，多为紧身长袖并且在袖肘处有白色碎褶装饰。由于女装领口变大，这时女子喜欢在裸露的脖子和胸口装饰着叫作科拉的带立领的小披肩。后来领口缩小，变成高领，科拉也变成细褶的小领饰，这种小领饰是后来大褶饰领的先兆（图3-4-6）。

图3-4-6 德意志风时代的女装①

三 西班牙风时代的流行服装

西班牙风时代，男装的显著特点是轮状皱领和衬垫填充物，女装则突出表现为紧身胸衣和裙撑的使用，并且这种女装式样一直影响了西欧四个多世纪，直到今天，仍是女装的传统造型。

西班牙男服最大特点之一是大量使用填充物，男上衣的肩、胸和腹部塞进填充物使之膨起，使人体的整个造型呈现椭圆形。填充物还用于外形像南瓜的短裤布里齐兹上，男子的肖斯到16世纪被分成上下两截，上部称为"半截裤"，下部称为"长筒袜"，当时各个国家

---

① 张朝阳、郑军：《中外服饰史》，化学工业出版社2009年版，第197页。

的造型虽然相似，但却各有不同。西班牙、法国的横宽、圆鼓；英国的也很膨大，德国的虽然很宽松，但没有填充物；意大利的比较长，至膝下，但在填充物的表面大多装饰着斯拉修（图3－4－7）。

图3－4－7　西班牙风时代的服装①

西班牙男装的另一个特点是拉夫的流行。由于西班牙时期服饰的色彩凝重而单一，带有很强烈的宗教色彩，西班牙男女服饰总体上是封闭型的，在高高的立领上装饰着白色的褶饰花边，这是独立于衣服外的领饰——拉夫，流行于16—17世纪，拉夫成为这一时期男女服装重要的装饰元素，也是文艺复兴时期又一个独具特色的服饰部件。实际上，拉夫早在德意志风时代就已经以小褶饰领的形式出现在高领上，只不过那时是与高领连在一起，并没有成为一种独立制作、可以拆卸的服饰部件。拉夫呈车轮状造型，这种领子成环状套在脖子上，周边是"8"字形连续的褶，外口边缘处用齿状花边为饰。拉夫领的制作十分复杂，技术难度较大，需要特制的工具来完成造型。制作时

---

① 李当岐：《西洋服装史》，高等教育出版社2005年版，第182页。

用白色或染成黄、绿、蓝等浅色的细亚麻布或细棉布裁制并上浆，干后用圆锥形熨斗整烫成形，为使其保持形状，用细金属丝放置在领圈中作支架。当时制作拉夫的技术是保密的，要学会这项技术，需付昂贵的代价。因为褶做得大而密，所以很费料，一个拉夫领用料3—4米亚麻布或细棉布。由于拉夫领饰过于宽大，套在颈部后不利于头部活动，迫使人们表现出一种高傲、尊大的姿态，就连吃饭时也得用特制的长勺子或者是在下巴处空出一个三角形。可见，文艺复兴时期人们在追求个性的同时又把自身带入了一种极端。拉夫出现以后，很快就在欧洲流行，法国、英国的贵族争相模仿，成为正式场合不可缺少的服饰（图3－4－8）。

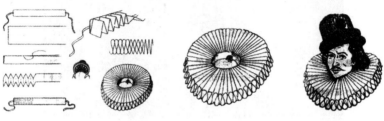

图3－4－8 拉夫领①

与拉夫领对应，法勤盖尔的发明成为西班牙贵族女性钟爱一时的服饰。16世纪后半叶，西班牙贵族创造了裙撑"法勤盖尔"，呈吊钟形圆锥状，在亚麻布上缝进好几段鲸鱼须做轮骨，有时也用藤条、棕榈或金属丝做轮骨。很快，法国、英国的贵族女子争相模仿，于是又出现了法国式、英国式的法勤盖尔。法国式法勤盖尔是用马尾织物做成的像轮胎一样的圆形物，里面用填充物充实，用铁丝定型，穿在修米兹或衬裙外，前低后高，腰部向四周呈平缓的自然下垂状。英国式法勤盖尔是在法国式的基础上罩上一个圆形的盖，盖的外沿用金属丝或鲸须等撑圆，内圈与轮胎状法勤盖尔相连，穿时身体靠近前侧，外形上和法国式的法勤盖尔区别不大，只是腰部向四周平伸得更宽阔，

① 张朝阳、郑军：《中外服饰史》，化学工业出版社2009年版，第200页。

外沿的轮廓更清晰（图3－4－9）。①

  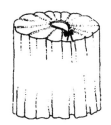

图3－4－9 各式法勤盖尔②

紧身胸衣"巴斯可依奴"是一种嵌有鲸须的无袖紧身胴衣，原是做手术用的，后来女性为了强调细腰之美，开始穿巴斯可依奴，把腰部以上包括胸部全包在巴斯可依奴里面，塑造优美体型，成为女子不可缺少的整形用内衣。当时的女子追求细腰丰臀之美，连法国国王亨利二世的王妃卡特琳娜都认为女子最理想的腰围尺寸应是13英寸（约33厘米）左右，在她的嫁妆里面就有这种紧身胸衣，她本人的腰围是40厘米，而她表妹的腰围只有37厘米。1577年出现了一种紧身胸衣叫作"苛尔·佩凯"，是用两片以上的麻布纳在一起，中间加入薄衬，在前、侧、后的主要部位都加入了鲸须，前中央下端嵌入硬木或金属，使之不变形。这种胸衣的开口在前或后中央，用绳或细带扎紧，苛尔·佩凯的下缘内侧有钩扣或细带连接下面的法勤盖尔。后来又出现了一种叫"斯塔玛卡"的装饰性胸布，主要是用一些高档织锦提花、镂空面料加以装饰（图3－4－10）。女子的着装顺序是：先穿贴身的亚麻制修米兹，习惯上不穿衬裤。在修米兹外穿上紧身胸衣苛尔·佩凯，下半身穿上法勤盖尔，用钩扣或细带在腰围线与苛尔·佩凯下边连接。把这些内衣整完形后再罩上精美的衬裙，衬裙外穿上罗布，然后带上领饰和帽饰，完成着装（图3－4－11）。

---

① 张朝阳、郑军：《中外服饰史》，化学工业出版社2009年版，第201页。
② 孙世圃：《西洋服饰史教程》，中国纺织出版社2000年版，第87页。

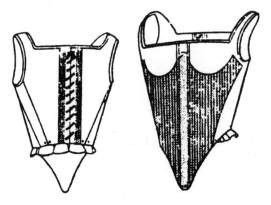

图 3 - 4 - 10 紧身胸衣"苛尔·佩凯"①

图 3 - 4 - 11 西班牙风时代的女装②

早在文艺复兴时期的意大利风时代，女装中就出现了上下分体式的、连衣裙式的服装——罗布，为了收腰，以腰围线为分界线上下分开后再缝合或用细带连接，由于裙撑的大量使用和多层内衣与裙装的搭配穿着时尚，使文艺复兴中后期女子上衣与裙子分开裁剪与制作，这就预示着女装二部式构成已初见端倪，虽然当时人的着装观念还是连体式的，但紧身胸衣出现以后，加速了女装二部式构成发展的进程。

---

① 张朝阳、郑军：《中外服饰史》，化学工业出版社 2009 年版，第 201 页。
② 黄能馥、李当岐：《中外服装史》，湖北美术出版社 2002 年版，第 121 页。

第二节 文艺复兴时期服装的审美特征及成因

西方的文艺复兴运动被认为是欧洲在经历了长达数年的宗教统治黑暗时代后的历史上的第二个繁荣时代。西方文艺复兴时期的社会、经济、文化、艺术、思想等领域都发生了深刻的变化，这些变化对服饰艺术风格产生了深远的影响。中世纪的服饰是为基督教服务的，是为了配合基督教的禁欲、节制、赞神思想的传播而形成的。由于宗教保守思想的引导，在服饰审美上人们衣着朴素、保守，用宽大而封闭的服装将身体的曲线轮廓和男女的性别特征遮掩得严严实实，隐蔽任何的美丽之处，拒绝服饰上的任何多余审美装饰，以此表达对宗教的热忱和虔诚。文艺复兴运动带来了欧洲历史上相当长时间的繁荣，它一改中世纪一切服务于宗教的观念，文学、艺术、建筑因人文主义思想的引导而出现了一切服务于人的观念，服饰也因此不再为上帝服务，服饰审美由以神为美向赞美人体、体现人自身价值进而服务于人本身转换。

文艺复兴时期服饰文化的特点突出地表现在服饰为崇尚人体美服务。服饰的作用在于充分显示人体的美感，显示男女性的特征。服饰理念以追求人体美为核心，用服饰去完善人体的美感，注重研究人体的自然物质特征，注重分析人体各部位的尺寸数据。因此，文艺复兴在复归古希腊、古罗马的人体美思想后，继续了中世纪后期罗马式时代产生的那种在服饰上收腰身以体现人体合体意识的萌芽发展，出现了立体化的裁剪手段，使包裹人体的衣服由过去的两维空间构成向三维空间构成方向发展。同时还出现了男、女衣服造型上的分化。此时期的服饰构成非常写实地，甚至是夸张地表现男女两性的体形性感特征。文艺复兴时期的艺术大师们还通过人体论证出平衡对称、和谐统一等形式美法则。于是形式美法则的运用非常普遍，不仅包括建筑、雕塑、绘画、音乐等艺术形式，在服饰中的运用也非常普遍。均衡的布局，轴线的对称，几何结构的造型，主次分明，重点突出，整体与局部之间强烈的节奏感等都是对形式美感的追求。形式美法则的运用使服饰显出明显的规律性和必然性，因此给人清晰的次序感，空间段落系列分明，整体与局部关系明确，边界突出清晰。这种在服饰上刻意强调的形式美，使得服饰上的各部位以某种确定的形状和大小确定的镶嵌在某个确定的位置，从而又显示出一定规律的必然性的特征。这一特征追其本原，与当时的哲学思想有一定的关系。因为人们的审美思想是在一定的哲学思想体现下形成的。文艺复兴继承古希腊、古罗马主张思维逻辑，对事物擅长于用分析的方法揭示本质，这种哲学思想意识形态也大大地影响了当时人们的服装审美观念。

第五章

巴洛克时期的服装流行与审美

巴洛克艺术早在文艺复兴运动末期就产生于意大利，进入风云变幻的 17 世纪，克服了 16 世纪后期消极影响的巴洛克，成为天主教争取信徒的工具。服装史上的"巴洛克风格"是指代 17 世纪欧洲的服装款式。巴洛克代表了路易十四富丽堂皇的精神特质，它生气勃勃、色彩艳丽、线条优美、富丽豪华的风格，使其在意大利、法国、西班牙等宫廷贵族中得到大力提倡，服装上最大的特色是强调繁多的装饰，大量使用华丽的纽扣、缠绕的丝带和蝴蝶结及边饰等，女性服装解脱束缚、自由随意，男性服装则崇尚自然和优雅，花边、香水、高跟鞋、手套、手袋、领带、领结等各种新鲜时尚纷至沓来，烘托出巴洛克时期的繁荣与精致。巴洛克服装的发展经历了两个历史阶段，即荷兰风时代和法国风时代。

第一节　巴洛克时期的流行服装

一　荷兰风时代的流行服装

16 世纪末，荷兰共和国诞生后，工业、经济迅速发展。17 世纪，荷兰的呢绒业、麻织业、制瓷业、造船业和渔业十分发达，在国际上享有盛誉。17 世纪，荷兰的文化艺术也空前繁荣，作为独立的新兴资产阶级国家，荷兰吸引了欧洲许多进步思想家和学者自由传播各种政治见解和新思想，当时的荷兰还是欧洲印刷业和出版业的中心。在这样的背景下，荷兰的服饰业也得到了空前发展，它把自由活跃的设计风格传遍欧洲，荷兰风服装把西班牙风时期分解的衣服部件组合起来，从僵硬向柔和、从锐角向钝角、从紧缚向宽松方向变化。这个时代流行男子留长发（Longlook），流行在服装上大量采用蕾丝（Lace）和穿戴皮革制品（Leather），因此，荷兰风时代也被称为"三L"时代（图3–5–1）。

图3–5–1　荷兰风时代的男装①

　　荷兰风时代的女装不再过于人工夸张，去掉了一些笨拙的填充物，腰线上移，摆脱了西班牙风格的僵硬感。衣服和裙子大多松垂而多褶，外形线条变得平缓、柔和、浑圆。女子的形象使人耳目一新，自然而浪漫（图3–5–2）。女子从这时开始不用紧身裙撑，常套穿肥大多褶的裙子而使下体显得膨大臃肿，有时三层套穿，而且内侧的裙子比外侧裙子的色彩明度高，很少使用织锦缎等厚织物，特别是外侧的裙子，为了便于提裙子，多喜好用薄织物，还常配以鲜艳的里料。上衣部分，仍采用紧身衣。但比过去要松软些，紧身处限于乳房以下，领子要么是齐脖子的花边大领，要么完全袒露到胸口，也有方

---

①　袁仄：《外国服装史》，西南师范大学出版社2009年版，第87页。

形的披肩领。袖子仍是女装造型的重点，上大下小一节一节地箍起
来，或宽袖或半袖，袖的上半截常有裂口装饰，而下半截多为一层层
的装饰花边，袖口处露出里面的白色衬衣。许多妇女在外面加一件上
衣，这种上衣舒适、宽松、长短不等，袖子有七分臂长或仅盖住肘
部，黑丝绒镶白兔皮是当时这种衣服最常用的材料。

图 3 - 5 - 2　荷兰风时代的女装①

　　男装摆脱了文艺复兴时期过于膨胀臃肿的填充物和衬垫，衣服变
得柔软。荷兰风时代的男装比起样式僵硬的西班牙风服装，更具有功
能性、更干练。大量蕾丝花边作为装饰出现在领子、袖子和裤口处，
代替了文艺复兴时期的金银和珠宝装饰。17 世纪，欧洲战争频繁，
历时半个世纪的荷兰独立战争和欧洲 30 年的新旧教派的战争使大部
分男子走向战场，所以骑士服普遍流行。17 世纪三四十年代，荷兰
男装整体造型变得宽松，衣服变长，盖住臀部，肩线倾斜度很大，以

---

① 李当岐：《西洋服装史》，高等教育出版社 2005 年版，第 191 页。

溜肩代之。男子上衣的腰线有所提高并更多地出现了收腰，腰带多以饰带的形式出现。服装左右两襟的胸前和两袖的上臂处，都有很长的竖直切口"斯拉修"。外衣的排扣有所增多，形成既具功能性又具装饰效果的表现手法。男装的领子尽管仍是高领，但车轮状的拉夫领变成了大翻领或平铺在肩的平领和披肩领，这种领子叫作"拉巴领"，通过在领口收省来造型。与拉巴领相呼应的是雪白的蕾丝，装饰在漏斗状的袖克夫上，这种袖克夫越来越宽，最宽可达 15 厘米左右。1630 年出现了细腿的半截裤，用缎带或吊袜带扎口，装饰有蝴蝶结，以往臀部与大腿部分膨起的填充物被取消，虽然还比较宽松，但相对于文艺复兴时期的西班牙式裤装已明显变瘦。到 1640 年，出现了长及腿肚的筒形长裤，这是西方服装史上出现得最早的长裤，一般在膝盖下有边饰。这时男子还流行穿水桶形的长筒靴，靴口很大，也饰有蕾丝花边，向外翻或口朝上，富有装饰性（图 3 - 5 - 3）。[1]

图 3 - 5 - 3　荷兰风时代的男装[2]

---

① 刘瑜：《中西服装史》，上海人民美术出版社 2007 年版，第 26—27 页。
② 袁仄：《外国服装史》，西南师范大学出版社 2009 年版，第 87 页。

二　法国风时代的流行服装

17 世纪中叶，随着制造业生产方式的普及，荷兰渐渐失去了欧洲商业中心的地位。取而代之的是波旁王朝专制下兴盛起来的法国。从路易十三时代起，相继担任首相的黎塞留和马扎尼，在打击反叛贵族，加强中央集权的同时，推行一系列抵制进口货、扶持和发展本国工业的经济政策，使法国国力得以发展。路易十四亲政后，独断专行，号称"朕即国家"，进一步加强专制政体，1665 年任用富商出身的巴蒂斯特·科尔伯做财政总监，推行重商主义政策，竭力鼓励对外贸易，设立了享有特权的东印度公司、西印度公司等许多垄断公司；积极采取措施发展工业，把蕾丝、挂毯及其他一些织物产业作为国家企业加以保护和奖励，形成法国服装产业的基础；调整国家税收，改善交通，扩大殖民地等，使法国在政治、经济、军事上取得了长足发展。与此同时，路易十四自称"太阳王"，挥霍无度，大兴土木修造凡尔赛宫。他鼓励艺术创作，大批建筑家、画家、雕刻家、园艺家和工艺家云集巴黎。他指定人们如何吃、穿、住，以穷奢极欲来显示他的无限权威。他把凡尔赛宫变成了一座销金窟，宫殿里到处都装上镜子，镶满花纹，金碧辉煌，他一次宴会光蜡烛就要用四万根，装着巴黎最新时装的"潘朵拉"盒子，每月从巴黎运往欧洲各大城市，指导人们消费。1672 年创刊的杂志《麦尔克尤拉·戛朗》，把法国宫廷的新闻和时装信息向公众传播。用铜版画绘制的时装画也在这时出现和流传。这些都使法国成为新的世界中心，也就是从这时起巴黎成为欧洲乃至世界时装的发源地（图 3 - 5 - 4）。

法国风时代以男装变化最为显著。17 世纪中叶，普尔波万极度短缩，衣长及腰或更短，袖子变成短袖或无袖，小立领，前开，门襟上密密麻麻一排扣子，下摆处常接一窄条垂布，自右肩斜向下挂着绶带表示身份。下半身出现了过去所不曾有过的裙裤——朗葛拉布，这种裙裤长及膝，猛一看像裙子，但基本型是宽松的半截裤，也有的实际上就是裙子，腰围处有很多碎褶或普利兹褶。在普尔波万和朗葛拉

图3-5-4 路易十四的服装①

布之间有一排环状的缎带装饰，这种缎带是由原来穿过普尔波万腰线
上的小洞连接下面的克尤罗特的细带演变而来。普尔波万长过腰围线
时，这些缎带仍发挥着连接下面的朗葛拉布的作用，普尔波万的衣长
过短的，这些缎带就纯粹是一种装饰。在朗葛拉布左右侧缝处也有同
样的缎带装饰。长筒袜肖斯的膝部和鞋上也都有缎带装饰。可见，缎
带是巴洛克样式中很有特色的一种装饰。出现这一现象，是因为法国
自1599年以来，不断颁布奢侈禁令。1625年，黎塞留禁止从意大
利、西班牙进口织金锦、天鹅绒等高级织物；1633年，禁止使用金
银细绳、金银丝织物、缎子、天鹅绒和金线刺绣、滚边等装饰；1644
年禁止使用华美的刺绣和金银丝织物，男女服装只允许使用缎带和单
纯的丝绸，因此导致这个阶段缎带装饰泛滥。于是，1661年出现了
按身份高低来决定缎带的使用量的规定（图3-5-5）。

---

① 王晓威：《从灵感到设计 时装与艺术》，中国轻工业出版社2011年版，第72页。

图 3-5-5　法国风时代的男装①

　　男子三件套装的出现。普尔波万这种自中世纪以来男子一直穿用的上衣，这时以越来越短的形式逐渐退出历史舞台，在服装史上消失。男装也由荷兰风时代那种实用的市民性特征，一度朝着这种女性味很强的装饰过剩方向发展。但到 17 世纪 60 年代以后，男装又再次复归，出现了市民性的贵族服，这就是鸠斯特科尔、贝斯特和克尤罗特所组合而成的男子套装。鸠斯特科尔，意为紧身合体的衣服。由衣长及膝的宽大衣卡扎克演变而来。卡扎克本来是军服，17 世纪六七十年代被用作男服，衣身宽松，分有袖和无袖两种。后来逐渐从背缝和两侧缝收腰，在两侧取褶使下摆张开，后背缝在底摆处开衩，这开衩叫作森塔·本次，是为了骑马方便。17 世纪 80 年代，腰身更加合体，改称鸠斯特科尔，这就形成了 19 世纪中叶以前的男服基本造型。除以收腰和扇形地扩张下摆外，鸠斯特科尔的口袋位置也很低，整个造型重心向下移。袖子也是越靠近袖口越大，袖口上还有一对翻折上来的袖克夫。无领，前门襟密密麻麻排列着一排扣子。鸠斯特科尔用

———————

　　①　江平、石春鸿：《服装简史》，中国纺织出版社 2002 年版，第 89 页。

料有天鹅绒或织锦缎，再加上金银线刺绣，十分豪华。鸠斯特科尔虽然有许多扣子，但着装时一般不扣，极个别的时候，偶尔在腹部扣上一两个，这就是今天西服上的扣子一般不扣或只扣腹部的第一粒扣的原因。扣子在这里纯粹是一种装饰，其材料也非常华贵，有金、银、宝石等（图3-5-6）。

图3-5-6　贵族的鸠斯特科尔①

领带的始祖——克拉巴特出现。由于衣襟是敞开的，所以领饰显得格外重要。在朗葛拉布流行期间，就曾使用取对褶的蕾丝做的领饰。当上衣变成收腰无领的鸠斯特科尔之后，就出现了在脖口系个漂亮的蝴蝶结的领饰——克拉巴特，这被认为是现在的领带的直接始祖。克拉巴特一般用薄棉布、亚麻布或薄丝绸制作，初期的克拉巴特宽30厘米，长100厘米，在脖子上绕两圈后系个结让两端垂下来。随着流行

① 李当岐：《17—20世纪欧洲时装版画》，黑龙江美术出版社2000年版，第6、8页。

趋势变化，克拉巴特的边缘也被装饰上蕾丝或刺绣，长度增加到2米。如何系好这个带子对于当时的贵族男子来讲成了高雅与否的评价条件，因此，有许多人雇用专门从事这项工作的侍从（图3-5-7）。

贝斯特——现代的西式背心的始祖。鸠斯特科尔里面穿贝斯特，贝斯特是作为室内服和家庭服用的，外出或出席正式晚会时，一定要在贝斯特外面穿鸠斯特科尔。贝斯特初期为长袖，衣身较短，后逐渐变长（仅比鸠斯特科尔短一点），收腰身，后背破缝，前门襟与鸠斯特科尔一样，装饰许多扣子，只扣一部分。因鸠斯特科尔用料过于奢华，遭到禁止而变得朴素，于是，人们又把华美的面料用于里面的贝斯特上。这种贝斯特主要流行于17世纪后半叶到18世纪初，后变成无袖的背心，改称"基莱"，长度也逐渐变短，向现代西式背心发展。[1]

克尤罗特——半截裤。克尤罗特是与鸠斯特科尔和贝斯特组合的下体衣，其长度与鸠斯特科尔下摆齐或略长出下摆，在膝下用缎带扎着。用料与上衣相同，但一般无刺绣装饰。

图3-5-7　领带的始祖克拉巴特[2]

当男士们沉醉于朗葛拉布那时髦装束时，女装也在发生变化，表现出巴洛克的特征，流动的衣褶，变幻的线条，缎带、蕾丝、刺绣、饰纽等多种装饰在罗布上竞相争艳，令人目不暇接。17世纪后半叶，

①　李当岐：《西洋服装史》，高等教育出版社2005年版，第197—198页。
②　同上书，第200页。

女服中又出现了紧身胸衣和臀垫。自16世纪以后，西方贵妇务必穿着紧身胸衣，这种法国的紧身胸衣是一种用鲸须或藤条做成骨架的改良胸衣，17世纪中期后被妇女们广泛穿用。这种胸衣在腰部和胸部嵌入鲸骨，然后包裹绗缝在亚麻布或丝绸上，穿着要比以前舒适许多，缝线从腰部向下成V形张开，露出女性丰满的胸部，低领露肩的造型，用蕾丝和缎带装饰得十分奢华，腰位较低，制作精巧。臀垫是裙撑的另一种变体，其强调女性臀部的丰满和挺翘。用马鬃做的半月形臀垫，在17世纪末被妇女们广泛穿戴。使用时将其缀于后腰线位置的裙子下面，夸张后臀部。一些女子还将用厚面料做成的外裙撩起搁在翘起的臀部，用丝带固定，裙摆任其拖曳，强化了女子优美的曲线（图3-5-8）。这种夸张臀部的样式是西洋服装史上第一次出现，后来称这种样式为"巴斯尔样式"，这种样式在18世纪末19世纪末又反复出现（图3-5-9）。

图3-5-8 路易十四的宠妃所穿的服装①

————————

① 王晓威：《从灵感到设计 时装与艺术》，中国轻工业出版社2011年版，第71页。

由于紧身胸衣和裙撑再度流行，法国风时期的女装不再像荷兰式女装那样丰满圆润，毫不掩饰地强调女性的体态特征，细长的上身和丰硕的臀部被突出地展现出来。随着时间的推移，妇女的服装也越来越精致，衣服上大量的褶皱和繁杂的变换效果为女装增色不少。法国风时期的女装非常流行露肩式的衣身，新风格的服装就是露胸的下斜领口，高腰的长裙和装饰着漂亮的花边、蝴蝶结的非常宽大的短袖。①

图 3 - 5 - 9　巴斯尔样式②

第二节　巴洛克时期服装的审美特征及成因

巴洛克时期，在经济上，欧洲人的贸易活动实际上扩展到世界各地；文化上，也是一个眼界不断开阔的时期，一些民族开始注意到其他民族和其他文化，正是在 17 世纪到 18 世纪初叶，中国审美趣味、思想文化对欧洲产生了持续的影响。科学在 17 世纪达到了"极奇伟

---

① 袁仄：《外国服装史》，西南师范大学出版社 2009 年版，第 94 页。
② 江平、石春鸿：《服装简史》，中国纺织出版社 2002 年版，第 91 页。

壮丽的成功"，开普勒、伽利略、牛顿等，创建了近代天文学、物理学等新科学，笛卡尔所倡导的理性主义、培根在科学研究上的归纳法都意味着对以往的传统和权威进行重新审视。而这一时期的建筑、绘画、雕塑等艺术实践也从不同的角度印证了这种思想上的转变，服装当然也不例外。基督教从它开创的时期起，给每个时代都留下了不同样式的教堂，巴西利卡式、罗马式、哥特式、古典式、巴洛克式等。巴洛克式教堂最为豪华壮丽，金碧辉煌。这一时期的空间意识较之文艺复兴时期有了很大的变化，文艺复兴时期建筑师追求集中而封闭的空间，巴洛克建筑则从封闭走向开放，上述诸因素都对巴洛克时期的服饰审美产生了影响。巴洛克时期的服饰艺术被赋予崇高文化魅力价值的同时，以豪华富丽、造型超绝、做工精湛的特点展现在大众眼前，体现出了一派奢华又包含宗教特色的享乐主义色彩。权贵为维护所谓的宗教尊严或满足己欲，常常会无节制的挥霍。巴洛克时期的服饰多蕴含着浓郁的浪漫主义色彩，非常强调艺术家的丰富想象力，也是一种打破理性、富有激情的艺术。巴洛克时期的服饰打破了文艺复兴时期艺术所展现的理性与人文主义的和谐，进一步迈向了对人物精神面貌的刻画，试图营造一种构思巧妙、想象丰富和动感十足的表现。服饰文化中显示出独特的立体性，通过夸张服装的基本外轮廓造型和立体化的装饰元素来显示本身高贵的身份象征及审美需求。巴洛克时期的服装展示出其丰富、崇高艺术价值，即使是在现代，这种气势恢宏的特点所给后人的深刻感受，也是无限追求对艺术价值的独立美学，对后世的影响更是不容忽视。

第六章

洛可可时期的服装流行与审美

18世纪，继17世纪的巴洛克艺术之后，最先在法国兴起了洛可可艺术。作为一种风格，它是对巴洛克风格的反拨。洛可可艺术追求可爱、轻快、纤巧的艺术效果，以愉悦感官为目的，它吻合了王公贵族的审美需求，很快在18世纪的欧洲诸国宫廷中盛行起来。18世纪上半叶，它成为风行欧洲的一种主要倾向。

18世纪的法国艺术随着路易十四的去世，路易十五的登基进入一个新的时期。庄严宏伟的古典主义风格开始为一种享乐主义的艺术所取代，这就是洛可可艺术风格，又被称为路易十五风格。这种风格的产生，可以说是对路易十四强大王权统治下的严格的古典主义的反叛。

洛可可是从法语rocaille转化而来，意为"贝壳装饰"或"岩状装饰"，指应用了贝壳和类似岩洞的石雕饰物的装饰风格。洛可可风格起初指建筑和室内陈设中的一种装饰风格，后来泛指18世纪路易十五时期流行于法国、德国和奥地利等国的一种艺术风格。它是一种高度技巧性的装饰艺术，表现为纤巧、华丽、烦琐和精美，多采用S形和旋涡形的曲线。这种风格追求视觉快感和舒适实用，并有排斥和贬低精神内容的倾向。18世纪的欧洲艺术呈现出各异的风貌，居于主导地位的是洛可可风格。晚期的巴洛克艺术已经在某些方面初露洛可可艺术的端倪，尤其在整个欧洲的工艺美术中，巴洛克和洛可可既有时间上的先后承续，也有较为相同的宫廷艺术的一致性。从形式上看，洛可可是巴洛克风格合乎逻辑的自然演化，是巴洛克趋于衰落、走向柔媚的结果。但是洛可可又起源于原来巴洛克风格较为薄弱的法国，这与法国宫廷内对王权强大的路易十四时代雄伟庆典的厌倦，转为崇尚私人沙龙的聚会享乐、讲求精美风雅的时尚有关。洛可可艺术最重要的特征之一就是注重装饰性的表现。尽管洛可可服饰走向了追求纯粹装饰的极端，忽略了实用功能的要素，表现出奢靡和单纯追求玩味的倾向而最终被新古典主义服饰所取代，但洛可可服饰风格无疑促进了欧洲各种服饰工艺技巧的发展和提高，从而将欧洲的服饰水平提高到一个崭新的阶段。[①]

第一节　洛可可时期的流行服装

洛可可时期的男装大致可分成两个阶段，1750 年前，服装呈女性化的繁缛，1750 年后趋向简洁和流畅。18 世纪初，17 世纪的鸠斯特科尔改称阿比，基本造型不变，收腰，下摆外张并呈波浪状，衣摆里衬以硬质材料以使臀部外张，小立领或无领，前襟缀有排扣，扣子上嵌入各种图案，装饰性更强，所以宝石扣最受欢迎。口袋位置上下变动，高时升到腰际，低时移向下摆（图 3 - 6 - 1）。十余年后，阿比变得朴素，色调不再艳丽，大量使用浅色缎子，门襟上的金缏子装饰也省略了，装饰的重点转移到穿在里面的背心贝斯特上。贝斯特用织锦、丝绸或毛织物作面料，以金线或刺绣进行装饰，衣长比阿比短2 英寸左右，除无袖外，造型与阿比相同。下衣克尤罗特采用斜丝裁剪，长度过膝，紧身合体，据说紧的连腿部的肌肉都清晰可见，不用系腰带，也不用吊裤带。俄罗斯的亚历山大一世担心这样紧的裤子会裂开而不敢坐。膝下着长筒袜，以白色为主。长外衣，背心和紧身裤成为男子的典型套装，加上假发或三角帽，就是洛可可时期的男子典型形象（图 3 - 6 - 2）。

---

① 刘芳:《中西服饰艺术史》，中南大学出版社 2008 年版，第 124 页。

图 3 - 6 - 1　洛可可早期的男装①

图 3 - 6 - 2　洛可可时期英国男子服饰②

---

① 李当岐：《西洋服装史》，高等教育出版社 2005 年版，第 209 页。
② 华梅、要彬：《西方服装史》，中国纺织出版社 2008 年版，第 151 页。

图 3 - 6 - 3　洛可可时期男子的夫拉克和背心①

　　18 世纪中叶，英国产业革命使许多人进入工厂，工作的要求使他们的服装趋向简洁、实用，这带来了男装的变革。18 世纪 60 年代，男子上衣腰身放宽，下摆减短，向实用性发展。英国出现的这种上衣被称为夫拉克，其特点在于门襟自腰围线开始斜向后下方，是下一时代燕尾服的先声，现代晨礼服的始祖。有立领、翻领，后开衩，袖窿处有公主线，袖子由两片构成，袖长及腕。袖口露出衬衣的褶饰，原来的克夫没有了，保留了固定克夫的纽扣作装饰，现在男西服袖口上的纽扣就是当时这一服饰的痕迹（图 3 - 6 - 3）。在法国则出现了新型外套鲁丹郭特，它源自英国的骑马用大衣，造型类似阿比，有两层或三层衣领，后背中心至腰线以下开衩，袖管笔直，下摆及膝，有亚麻布等作衬里。这种骑装外衣到路易十六时逐渐变得细小优雅，19 世纪时，成为礼服（图 3 - 6 - 4）。

---

　　① 李当岐：《西洋服装史》，高等教育出版社 2005 年版，第 212 页。

图 3 - 6 - 4　男子服装鲁丹郭特①

　　男子服装中的背心也出现变化，前衣片面料华丽。后衣片因穿时不能看到，改用廉价的面料制成，这种背心叫作基莱，是现代西式背心的前身（图 3 - 6 - 5）。到 18 世纪后期，背心缩短到臀围线位置，最后缩至腰际，成为正式无袖西服背心。1770 年以后，英国出现礼服大衣，一问世便成为时尚。这种大衣源于英国一名外交家兼作家，常在公共场合穿用，所以以他的名字命名为切斯特菲尔德礼服大衣。大衣有天鹅绒软领，单排或双排暗扣，驳领，有腰身，衣料多用黑色或藏青色，整体上给人庄重与高雅的感觉。与之并行的男子长大衣有卡里克，也是礼服，大翻领，下有多层重叠的装饰披肩。②

　　① 刘芳：《中西服饰艺术史》，中南大学出版社 2008 年版，第 122 页。
　　② 冯泽民、刘海清：《中西服装发展史》，中国纺织出版社 2008 年版，第 256 页。

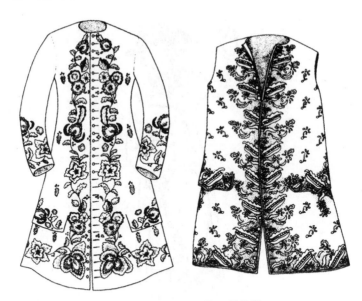

图 3 - 6 - 5　男子背心基莱①

　　女装在洛可可时期成为风格的代表，洛可可风格中的纤柔、轻巧、性感、浮艳的特点与法国上流社会沙龙中女子的特点相契合，因此女装极强烈地表现出这一风貌。一般把 1715—1789 年这一时期划到洛可可时期，大致有三个阶段。

　　洛可可初期。从 1715—1730 年的 15 年间，服装从 17 世纪的巴洛克风格过渡，但仍残留着巴洛克的痕迹。贵妇人沉溺于享乐与放纵的生活中，参加各种室内舞会，以表现女性的性感来得到男子的青睐，于是出现了一种称为瓦托式罗布的流行服，也称罗布·吾奥朗特。衣服的领口很大，背部为密密的箱形普利兹褶，又宽又长的拖裙曳地，款款走来，飘飘欲仙。这种长衣，有的整体宽松如袋状，有的前面紧身背后为拖地斗篷。上下前后形成强烈对比，突出女性的特征，加上花边饰带装饰，臀部凸起，使着装者婀娜多姿，颇受贵妇们的喜爱（图 3 - 6 - 6）。

---

　　① 华梅、要彬：《西方服装史》，中国纺织出版社 2008 年版，第 150 页。

图 3 - 6 - 6 罗布·吾奥朗特①

洛可可鼎盛期。接下来的 40 年，从 1730—1770 年，成为洛可可服装的黄金时期。最为突出的服装现象是巴洛克时期消失的裙撑又重新流行起来，名称变为帕尼埃，意为行李筐、背笼，因其形如马背上的背笼而得名。起初，帕尼埃也是吊钟状，到 1740 年以后，逐渐变成前后扁平而左右加宽的椭圆形，像马背驮着的行李筐，故又称驮篮式裙撑。两侧加宽，最大可达 4 米，于是带来许多社会问题，出入门时，只能横着走，马车必须改装，进剧场无法入座，在路上行走又影响交通。于是又出现了左右可以活动的分体式帕尼埃，穿时往左右腰上一系，好像挂着两个半圆形的灯笼。到 1770 年，又发明了可以折叠的帕尼埃，框架上装有合页，用布带连接，可以自由开合，向上提则收拢变窄，放下又变宽。这种灵活的帕尼埃一问世就成了贵妇们的新宠，但也预示着帕尼埃已达到顶峰，几年后也就消失殆尽了（图 3 - 6 - 7）。帕尼埃外面先罩一条衬裙，再穿一件罗布，罗布一般前开衩，上面露出倒三角形的胸衣，下面呈 A 形张开，露出衬裙。全身装饰了各种曲曲弯弯的皱褶飞边、蕾丝、缎带蝴蝶结、鲜花或人造

---

① 阎维远：《西方服装图史》，河北美术出版社 2005 年版，第 48 页。

花，被称作"行走的花园"。与裙撑配套的仍是紧身胸衣，这时称为苛尔·巴莱耐，胸衣用鲸须制作，先根据体形弯制鲸须，衬入衣身内，乳房上部横嵌一根，背后则是竖嵌一排，使背部挺直。胸衣在背后系扎，勒紧腰部以使胸部突出显得丰满（图 3 - 6 - 8）。

图 3 - 6 - 7　帕尼埃裙撑①

图 3 - 6 - 8　洛可可时期的女装——"行走的花园"②

---

① 华梅、要彬：《西方服装史》，中国纺织出版社 2008 年版，第 154 页。
② 李当岐：《17—20 世纪欧洲时装版画》，黑龙江美术出版社 2000 年版，第 19 页。

洛可可末期。自1770年后的20年间，洛可可风逐渐消减，新古典主义兴起，服装出现转换。鼎盛期的洛可可服装的畸形发展，必然被新兴的服装所代替，但衰退期的服装还留有洛可可风的明显印痕，并集中表现在女装的罗布和裙子上。当大型的帕尼埃之潮退减之后，崭新的波兰式罗布问世了（图3-6-9）。1776年受波兰式长袍的影响，法国人设计了这款罗布，由双层呢和两根细绳组成，使着衣者感到修长。裙子在后面分成两片向上提起，形成三个膨起的圆和下边的弧线，提起的细绳安装在腰后的扣子上，经裙摆向上束起，也有用带环来处理的。这样裙子的体积变小，裙长缩短而不减贵妇人的雍容华贵，行动颇为方便，一时流行于中层以至下层妇女之间。之后又出现由3根细绳捆束的罗布，称为切尔卡西亚式罗布（图3-6-10）。还有英国式罗布，去掉帕尼埃，腰身下移，靠褶裥将裙子撑开，更加简洁、质朴，体现出英国自然主义倾向。

图3-6-9 波兰式女装①

① 李当岐：《17—20世纪欧洲时装版画》，黑龙江美术出版社2000年版，第17页。

　　1780 年，累赘的帕尼埃终于消失了，但紧身胸衣还在流行，代替帕尼埃的是托尔纽尔，这是一种臀垫，目的是让女性的后臀部显得突出，故法国的这种流行时尚被其他国家称为"巴黎臀"（图 3 - 6 - 11）。

图 3 - 6 - 10　切尔卡西亚式罗布①

图 3 - 6 - 11　18 世纪末的巴斯尔样式②

①　李当岐：《17—20 世纪欧洲时装版画》，黑龙江美术出版社 2000 年版，第 16 页。
②　黄能馥、李当岐：《中外服装史》，湖北美术出版社 2002 年版，第 130 页。

第二节 洛可可时期服装的审美特征及成因

18世纪的洛可可已成为一个影响整个欧洲的艺术现象。它没有文艺复兴的宏伟，巴洛克的壮丽，但它却绚丽了整个18世纪的欧洲，并且成为欧洲各国争相效仿的对象。洛可可艺术在各个领域都发挥着极大的作用，娇媚而温柔的气息从法国的凡尔赛宫遍及整个欧洲国家，并且在服饰上体现得淋漓尽致。

"洛可可"是18世纪欧洲的代名词，上至王公贵族下至普通市民都被洛可可的魅力折服。洛可可风格服饰的浪漫继承了法国的浪漫传统，符合贵族阶层"口味"必然深受"奢侈之风"的影响。洛可可服饰风格同法国社会的需求和法国文化背景一脉相承，由于法国资产阶级的不断壮大，社会结构发生深刻的变化，纺织工业技术的发展，纺织贸易兴盛，法国成了花边制造业的龙头国家。加之服装设计师队伍的不断壮大，多数富人甚至平民百姓对华丽的洛可可风格服饰都趋之若鹜，造成了它需求量的急速增加。而法国在路易十五的带领下重视奢侈品的享受风气盛行，从女人的衣服和首饰、珠宝、香水，到男人的行头，甚至连日常餐具都达到了让人惊叹的华丽和奢侈程度。法国的服饰受到了洛可可奢华之风的影响，从最初反映着路易十四王权至上的古典品位演变成了追求繁缛夸张装饰的美饰造型风格。用无数根鲸鱼须垒成的胸衣和裙撑，表明了女人们对自己形体苛求完美的标准，甚至不惜以牺牲身体的健康为代价。讲究服饰之美是经济繁荣社会的普遍标志。18世纪的法国服饰朝着装饰化的方向演变，男装女装都更加讲究，艺术掺着优雅，庄严还不忘浪漫热情，领口的金丝银线和蕾丝花边，袖口上精致的一排排穗带，特别是女装，简直可以说是一件艺术品。从服饰美学角度来分析，洛可可风格女装立足当时的社会，顺应人的心理需求，重视功能美、形态美、色彩美、质料美、整体美以及局部美等，以至洛可可女装的流行速度超过了社会的发展速度。洛可可女装的造型十分注重曲线美和装饰美，并且以突出女性特征为主。

对比洛可可女装的兴盛，男装则显得相对平淡。男装的整体格调并没有女装那么矫揉造作，但由于过多的雕琢使自古以来的男子阳刚之气淡化，趋于女性化。男装呈现"阴柔美"，服装的产生要结合当时的环境、气候和种族，洛可可风格男装的产生与整个法国女性意识的崛起不无关系，蓬皮杜夫人倡导的女权促使男权社会弥补并平衡了性别的色差。女性化的男装大多在王公贵族阶层有所体现，普通百姓的着装偏向简单化，但整体格调倾向女性化的。18世纪的法国统治者对文学艺术的热衷，使得服装在最大化地显示着王权和艺术的重要性，穷奢极欲的生活衍生出堕落的思想，进而催生萎靡的生活作风，上层社会以享乐和玩乐作为消遣，甚至成为日常生活内容。

第七章

近代的服装流行与审美

西方服装史上所说的近代是指 1789 年法国革命以后，经过 19 世纪，直至 20 世纪初第一次世界大战爆发的 1914 年前的这个时期。以法国为舞台来观察这一时期，无论是政治、经济，还是文化、服装，都发生了日新月异的变化。世态发生了显著的变化，服装自然也会发生变化。19 世纪是 18 世纪以来产业革命的成果转化到近代工业社会的变革世纪。社会的昌明、科学的发达改变了人们的生活，这一时期与服装有关的发明创造有：1846 年发明缝纫机、1856 年发明化学染料、1884 年发明人造丝等。此外，美国的成衣业急速发展，在巴黎也涌现出许多服装店，查尔斯·芙莱戴里克·沃斯等服装设计师很活跃，并于 1868 年组建了高级时装店协会。上述诸因素都对近代欧洲服饰流行产生了影响。

第一节　近代的流行服装

一　新古典主义和帝政时期的流行服装

18 世纪中叶，意大利发掘了赫库兰尼姆和庞贝两大古城遗址，引发了人们对古代文化的关注，在艺术风格上，"优美但轻薄"的洛可可文化开始向"朴素而高尚、平静而伟大"的古典文化转移，这种倾向被称为新古典主义。虽然当时的艺术家希望以重振古希腊、古罗马的艺术为信念，但此时的艺术创作并非对古希腊和古罗马艺术的简单再现，也不是 17 世纪法国古典艺术的单调重复，而是适应资产阶级革命形势的需要。法国大革命推翻了旧有封建贵族的衣着审美，新政权在推行简朴男装的同时，类似古希腊的女性时尚风起。这一时期的女装采用了古典主义的风格，女士们穿着类似古希腊希顿式的宽松裙装，头发则像古罗马皇妃一样染成红色。①

1. 新古典主义服装

在法国革命中废除了等级森严的贵族服装制度，过去被认为是不吉利的黑色出现在仪式服及宫服中，而且还具有一种新的权威感。法国革命后的男装称阿库瓦加尔，是作为一些古怪人士的团体服装兴起的。阿库瓦加尔服装，在上衣的肩和背部设计有肥大且翻折的笨拙的红色领子和宽大的翻领。颈部系有领带——库拉特。裤子是一种长至腿肚的长裤，与旧贵族喜好的半截裤相比更为醒目。足登尖头短靴或长筒靴，手中拎着手杖，发型也极特殊。随着掌权的大资产阶级和欲夺回失去权力的亡命贵族的对立加剧，服装的式样与政治在平行之中向前发展。普通百姓的服装是具有活动性的卡尔玛约尔上衣和长裤庞塔龙的组合形式（图 3 - 7 - 1、图 3 - 7 - 2）。

图 3 - 7 - 1　法国革命后王党派的服装②

图 3 - 7 - 2　革命者的服装③

---

① 袁仄：《外国服装史》，西南师范大学出版社 2009 年版，第 115 页。

② 李当岐：《西洋服装史》，高等教育出版社 2005 年版，第 234 页。

③ 阎维远：《西方服装图史》，河北美术出版社 2005 年版，第 54 页。

由于政局动乱，大革命后的法国服饰受到较先进的英国流行趋势的影响。这时的英国正风行所谓的"古代情调服饰"，希腊风服饰广为流行。英国的流行服饰在法国资产阶级阶层的妇女中也得到响应，巴黎女性以希腊风格为模式，依据英国的式样创造了近似裸体的服装款式。不但取消了紧身胸衣和裙撑，甚至连内衣也不穿了，而且还出现了暴露整个脚部的服装款式（图3-7-3）。古代情调的服装称为修米斯·多莱斯，是一种简单的筒型衬裙式服装，高腰身是其最大特征，袖子通常较短，为了保暖，出现了至肘的长手套。

图3-7-3 古代情调的服装修米斯·多莱斯①

---

① 李当岐：《西洋服装史》，高等教育出版社2005年版，第235页。

　　从外观上看，古代情调的服装造型比较简单，但出于对豪华感的追求，逐渐流行曳地长摆，曳地长摆的长度通常可达3米，在社交场所则达到8—9米。上流社会的妇女从曳地长摆的端头起，把它缠绕在身上（图3-7-4），跳舞时则把它搭在男士的肩上。古代情调的服装多为单一的白色，在裙摆上装饰刺绣花草或宽缘边饰。面料多为平纹细布、薄纱以及其他薄料。在淡白色的修米斯上常搭配具有装饰性的披肩，这是一种新的装扮方法（图3-7-5）。1798年前后，一款名为斯潘塞的短外衣开始流行，这种外衣是一种长度极短、高腰围且前开襟的具有近代感的短小服装，一直沿用到帝政时代图（3-7-6）。另外，这个时期的鞋子基本上是短靴和希腊风的凉鞋。

图3-7-4　古代情调的服装①

---

① 李当岐：《17—20世纪欧洲时装版画》，黑龙江美术出版社2000年版，第27页。

图 3 - 7 - 5　古代情调的服装①

图 3 - 7 - 6　斯潘塞②

①　李当岐：《17—20 世纪欧洲时装版画》，黑龙江美术出版社 2000 年版，第 31 页。
②　黄能馥、李当岐：《中外服装史》，湖北美术出版社 2002 年版，第 133 页。

2. 拿破仑帝政时代的服装

当热月派实施的以大富豪为中心的政策失败后，热月派与旧雅各宾派达成了妥协，继而选择了镇压和抵制大革命的措施。大富豪阶层由于害怕雅各宾派的恐怖政治，于是出现了代替热月派把法国的权力委任于谁的问题。其结果是军功显赫的拿破仑登上了政治舞台，成为皇帝。

拿破仑帝政时代，男装恢复了贵族化的夫拉克、克尤罗特和基莱，没有新款服装产生。与此相反，延续古代情调的女装却开始了多姿多彩的变化。从服装的款式上看，基本是继续了督政府时代的古代情调服饰，但矫揉造作的部分和不自然的部分被取消了，保持了整体上的完美性。在服装材料上，仍然选用薄织物面料，甚至在最寒冷的季节也是如此。据说 1803 年流行性感冒袭扰巴黎时，每日竟有 6 万多患者。尽管如此，选用薄织物制作修米斯的势头仍不见减少。从1800 年起，修米斯的款式有所变化，出现了一种带长裤的新式样，是英国流行过来的款式。这种服装的特点是前襟装饰花边，袖形柔软膨鼓，袖口细而长。1804 年前后，人们似乎厌倦了单色的长裙，进而在淡白色的衣服上叠穿色彩和面料不同的装饰裙，或前中央开口或后部剪开，这种裙子通常很长，是一种无袖束腰连衣裙式样。这种式样还作为晚会服装广为采用，其流行贯穿于整个拿破仑时代。另外，披风作为防寒或装饰服受到人们的普遍喜爱，据说约瑟芬皇后拥有300—400 条披风（图 3 - 7 - 7 至图 3 - 7 - 9）[1]。

到 1808 年，裙子的长度已经发展到了可见脚尖的地步。1810 年以后，发展到踝骨以上。袖子在服装中是产生变化和幻想的主要部分，凝集着各自情趣。这一时期的女装袖子样式丰富，以夸张手法增加了宽度，使腰部显得更加纤细。领子多以四角的袒胸露肩式样为主，但不属于过去的袒胸露背，沿着领子装饰细布绉领饰，这种领饰是用薄织物在其上刮糨糊制作的。而作为外套的式样，仍继续沿用了前一时期的斯潘塞。19 世纪 20 年代前后，这种小型的外套，由于腰

---

[1] 李当岐：《17—20 世纪欧洲时装版画》，黑龙江美术出版社 2000 年版，第 32、33、35 页。

图 3 - 7 - 7　帝政时代的女装 1

图 3 - 7 - 8　帝政时代的女装 2

图 3 - 7 - 9　帝政时代的女装 3

节线提得过高而逐渐被淘汰。此外，女性的大衣还有鲁达克特，是一种加上了宽大头巾的鲁达克特。内衣与复杂的服装及饰物相比较似乎很简单，特别是在以古代情调服装为主流的服装式样里，内衣被认为是没有必要的。据说这一时期，内衣无论是种类还是数量，都少得惊人。有这样一条记录：某时髦女性拥有 600 多件服装，而内衣仅为 12 件。贯穿于督政府时代和第一帝政时代的服装，基本上是受古代情调和怀旧情调的支配。罗马、希腊风的发型这时成为主要发式。有模拟希腊神话人物发型的，有模拟英国风的尼诺尔发型的，等等。另外，冠类及履物，也都充满了古代情调。

在拿破仑的宫廷里，男子服装没有摆脱 18 世纪的服装情趣，但在男性中，夫拉克、基莱及长裤的组合形式逐渐成为流行（图 3 - 7 - 10）。夫拉克还残留着督政府时代的宽大翻领及袖褶等，但其后逐步被调整。1810 年前后，低腰身后摆短且不圆滑（角形）的款式得到了承认。夫拉克最初的造型为从腰围线起斜裁前身，后摆为燕尾状，这种服装作为礼服逐渐普及并以独特的式样——前身水平裁剪的造型流行起来。这种造型的夫拉克以后成为资产者传统服装并经过

1848 年革命之后，在路易·拿破仑的宫廷里作为正装保留下来，广泛应用直至今天（图 3 – 7 – 11）。

图 3 – 7 – 10　拿破仑的服装①　　　　图 3 – 7 – 11　帝政时代的男装1②

男性衬衣修米斯此时已接近现代衬衣的原型，修米斯的衣领基本上采用了现在衬衣的立领。袖口的克夫已采用糨糊贴糊，其手法几乎与现代所采用的手法相同。长裤最为盛行，然而，在怀旧情调中仍有穿克尤罗特的。从 1811 年到 1814 年前后，绅士参加晚会的正装，裤子为绢制的细克尤罗特上套白色袜子，上衣配昂贵的绢制夫拉克和基莱，发式为辫发造型。在普通便装中，长裤则是宽松式的，裤口随流行时瘦时肥。基莱作为点缀深色调的夫拉克和单色长裤的一部分起着重要作用，无论是普通领还是翻领，都与过去的没有太大区别。大衣还是采用 18 世纪的鲁

---

① 李当岐：《西洋服装史》，高等教育出版社 2005 年版，第 240 页。
② 李当岐：《17—20 世纪欧洲时装版画》，黑龙江美术出版社 2000 年版，第 33 页。

达克特，另外，增加了一种称为卡列克的新型大衣，其外形特别肥大。帽子则是高筒的古代风格的帽子（图 3 – 7 – 12，图 3 – 7 – 13）。①

图 3 – 7 – 12　帝政时代的男装 2②　　　图 3 – 7 – 13　帝政时代的男装 3③

二　浪漫主义时期的流行服装

　　法国大革命宣告了封建专制统治的结束，欧洲开始进入资本主义时代。但是，政治风云的变幻让人们心底弥漫着不安。人们缺乏上进心，反对古典主义，逃避现实，憧憬富有诗意的、空想的境界。人们倾向于主观的情绪和伤感的精神状态，强调感情的优越，复活中世纪文化是他们的理想，服饰将人们的心态表现得淋漓尽致。服装史上，浪漫主义风格源于 19 世纪的欧洲，1825 年至 1845 年间被认为是典型的浪漫主义时期。浪漫主义时期的风格是早期几大风格的混合体，尤

---

①　赵春霞：《西洋服装设计简史》，山东科学技术出版社 1995 年版，第 61—69 页。
②　李当岐：《17—20 世纪欧洲时装版画》，黑龙江美术出版社 2000 年版，第 39 页。
③　同上书，第 37 页。

其是文艺复兴、哥特及洛可可元素的复古。女装款式既符合浪漫主义特点，又适合中产阶级生活方式的需求。服装的特点是细腰丰臀，大而多装饰的帽子，注重整体线条的动感表现，使服装能随着人体的摆动而显现出轻快飘逸之感。

图 3 - 7 - 14　浪漫主义时期的女装 1①

　　浪漫主义时期的服饰是新古典主义的简朴之后的一次对过往宫廷风范、矫饰和女性化的回归。人们重新追求豪华宫廷趣味，女裙变得华丽，裙装整体造型复古。腰线下降，到路易·菲利普时代时，回到了自然位置。紧身胸衣被恢复，用衬裙数量越来越多，还用金属环或多层布绗缝的裙撑，初期为型制较小的钟形，后逐渐膨大，强调细腰与夸张的裙摆。裙子表面的装饰越来越多，还强调多层裙子不同面料、花色和质感的对比表现。为了显示细腰，肩部不断地向横宽方向

---

　　①　李当岐：《17—20 世纪欧洲时装版画》，黑龙江美术出版社 2000 年版，第 65 页。

扩张，袖根部被极度地夸张，甚至使用了鲸须、金属丝做撑垫或用羽毛做填充物。整体女装造型呈细腰丰臀的 X 形，反映了当时蔓延于社会的浪漫情怀（图 7 - 14）。

图 3 - 7 - 15　浪漫主义时期的女装 2①

女子的领型非常浪漫，流行高领口或大胆的低领口。高领口有褶饰或用拉夫领、大披肩领；低领口常加有很大的翻领或重叠数层的蕾丝边饰，有时候两种领型合起来使用。袖型变化最大，前期的袖子用垫肩、细铁丝等做成圆鼓、膨大造型。高领的衣服多采用上肥下瘦的羊腿袖，低领的多用泡泡袖，很短，有的还有切口装饰；有的是数层花边的披肩式袖子。19 世纪 30 年代起开始，袖子的膨鼓向下落，肩宽缩小成吊肩，袖子用乔其纱面料。30 年代最流行的造型是露肩型，领口线和袖子肩线接近一条直线，用褶裥和花边装饰，有的袖子膨大到极点。进入 40 年代，30 年代的服装特征慢慢消失，洛可可服装样

① 李当岐：《17—20 世纪欧洲时装版画》，黑龙江美术出版社 2000 年版，第 68 页。

式开始复活，袖子又变为纤细，上身变娇小（图3-7-15）。

　　女子的大衣也呈大裙状，袖子肥大，一般为羊腿形。由于袖子肥大穿外套不便，女子开始使用披肩，以开司米和毛皮材质的最昂贵。女士的骑马服中出现了裤子，穿在衬裙内，有配长筒靴的细棉布马裤或亚麻布长裤，有时头戴装饰着面纱的大礼帽，穿羊腿袖仿男式的细纺呢绒上衣（图3-7-16）。

图3-7-16　浪漫主义时期的女装3①　图3-7-17　浪漫主义前期的男装②

　　男装呈现出令人惊讶的女性化形象，比如时兴收细腰身，肩部耸起（图3-7-17、图3-7-18）。上衣的前襟线加长外凸呈柔美弧线，双排钮的领位上移使胸部线条明显，上衣下摆围度放大。裤子在后腰部有多个碎褶，为夸张的羊腿造型。此外，还有讲究的发型和装饰品。男装基本形制还是上衣衬衫、马甲、西服、礼服和下装长裤的

----

① 阎维远：《西方服装图史》，河北美术出版社2005年版，第61页。
② 李当岐：《西洋服装史》，高等教育出版社2005年版，第248页。

组合，并强调绅士风（图 3 - 7 - 19）。①

图 3 - 7 - 18　漫画中强调细腰的男子形象②

图 3 - 7 - 19　浪漫主义后期的男装③

①　王晓威：《从灵感到设计 时装与艺术》，中国轻工业出版社 2011 年版，第 93—96 页。
②　刘瑜：《中西服装史》，上海人民美术出版社 2007 年版，第 39 页。
③　李当岐：《17—20 世纪欧洲时装版画》，黑龙江美术出版社 2000 年版，第 72 页。

三　新洛可可时期的流行服装

1852 年 12 月 2 日，路易·波拿巴正式称帝。这个政权代表大资产阶级的利益，因而得到工商资本家和金融资本家的支持，也得到天主教势力的拥护。拿破仑三世付出巨大的精力来发展资本主义经济，政府设立了专门银行对工业和农业贷款。19 世纪 50 和 60 年代，法国资本主义迅速发展，完成了工业革命，二十年间工业生产几乎增长了两倍。1867 年巴黎的博览会标志着法国在世界上的工业先进地位。在经济发展的条件下，大规模改造巴黎市区，宽敞笔直的林荫大道、巨大的百货商场、华丽的歌剧院，优美的公园、豪奢的富人宅第相继修建起来，显示出帝国的繁荣。

与此同时，在"帝国就是和平"的口号掩饰下，大肆向外扩张，频频发动对外战争，加紧殖民地掠夺。与法国并称于世的是被称为"世界工厂"的英国，这时正值维多利亚女王执政时代，是英国工业革命取得辉煌成果，称雄世界的时期。由于这个时代又一次复兴上个世纪的洛可可趣味，因此在服装史上把 1850—1870 年称作"新洛可可时期"。又因这个时期女装上大量使用裙撑"克里诺林"，所以，服装史上也称其为"克里诺林时代"。这个时期科学技术飞速发展，化学染料问世，大量生产的廉价衣料大大丰富了人们的生活。缝纫机也是这时出现的，这对成衣制造业更是具有划时代的意义。在缝纫机问世的同时，美国的巴塔利克于 1863 年开始出售纸样，这种用来裁衣的样板，是量产概念的基本要素之一，是后来规格化、标准化的成衣产业的基础和萌芽。另外，1858 年，英国青年查尔斯·芙莱戴里克·沃斯（1825—1895）在巴黎开设了以上流社会的贵夫人为对象的高级时装店，以用活人模特向高级顾客发表设计新作等崭新的经营方式为时装界竖起了一面指导流行的大旗，进一步带动和促进了法国的纺织业和服装业的发展。一个多世纪以来，这面大旗把全世界女性的目光集中于巴黎，进一步巩固了巴黎作为世界时装发源地的国际地位。[1] 新洛可可时期的服装特点是男女装向着两个截然不同的

---

① 李当岐：《17—20 世纪欧洲时装版画》，黑龙江美术出版社 2000 年版，第 94 页。

方向发展，男装变得更加简洁和机能化，确立了按照不同时间、地点、场合的穿着模式。女装不仅继承了巴洛克和洛可可的追求曲线和装饰的特点，而且向着放弃功能、一味追求艺术效果的方向发展。

1. 男装

朴素而实用的英国式黑色套装在资产阶级实业家和一般市民中普及。男装的基本样式仍是上衣、背心、礼服的组合，不同的是出现了用同色、同面料制作三件套装的形式，并在着装规范上形成了大家共同遵循的程式，一直沿用至今并形成惯例。上衣主要有四种：一是白天穿的大礼服（Frock Coat），这种礼服到19世纪演变成前身四粒或六粒扣的款式，长及膝部，有腰线，前门襟为直摆，翻驳头部分用同色缎面，衣身面料多用黑色礼服呢或粗纺毛织物，这种白天的常服后来变成男子昼装的正式礼服。二是夜间正式礼服（Evening Coat），即我们所说的燕尾服。19世纪这种礼服更为普及，到新洛可可时期基本定型。领型为枪驳领，驳头部分用同色缎面，前片长及腰围线，前摆成三角形，两侧有装饰扣。后片分成两个燕尾形，衣长至膝，用料为黑色或藏青色驼丝绵、开司米或精纺毛织物。三是白天穿的晨礼服（Morning Coat），这种衣服来自骑马服。前襟自腰部斜着向后裁下去，故称为"剪摆外套"，腰部有横切断接缝，后片一直开到腰部的缝隙，开隙顶端有两粒装饰扣，衣长至膝，袖口有四粒装饰扣（图3 - 7 - 20）。四是单襟夹克（single Jacket），左右前衣片的覆盖叠合很浅、一般只有3—4厘米，腰间无横接缝，有单钮、双钮、网钮等区别。这种夹克用途很广，可作为准礼服，也可作办公服、旅游服。前片衣摆一般是圆的，有时也可裁成直角（图3 - 7 - 21）。除了上述四种主要的形式以外，还出现了用于参加晚会、宴会的晚间准礼服（Mess Jacket）和源自克里米亚战争的斜肩外套（Raglan Coat）。男式背心也是种类繁多，有领、无领、单排扣、双排扣，用途各不相同，用料一般与上衣相同，仍保留使用豪华面料制作的习惯。1885年以后，背心上华丽的刺绣被格子或条纹面料取代。裤子变成与现代男裤一样的筒裤，但仍比较窄，裤线不明显，19世纪50年代，裤口处还有套在脚底的踏脚襻带。60年代，这种踏脚裤只用于正式晚礼服，平常穿的西裤长至脚面，侧缝上有条状装饰，晚礼服的裤子侧缝上有同色缎带装饰。

图 3 - 7 - 20 新洛可可时期男子的礼服①

图 3 - 7 - 21 新洛可可时期男子的外出服②

2. 女装

所谓新洛可可，主要表现在这个时期的女装上，拿破仑三世时期一方面复辟第一帝政的风习，另一方面推崇路易十六时代的华丽样式。当时，除了因生活所迫而劳作的下层妇女外，女性参加劳动是不

① 李当岐：《服装设计专业系列教材 西洋服装史》，高等教育出版社 1995 年版，第131 页。

② 同上书，第 132 页。

被社会认可的，理想的上流女子是纤弱的、面色白皙、小巧玲珑、文雅可爱的供男性欣赏的"洋娃娃"，这种女性美的标准，使女装向束缚行动自由的方向发展，在女装上追求机能性简直是一种不道德。新洛可可时期，紧身胸衣是女子着装打扮必不可少的整形工具，虽然这时的衣装腰线有时下移，有时消失，但更多时间仍是以收细腰的外廓形为主，细腰和上衣下裙的对比仍是这一时期的主流。此时女子的紧身上衣有两种形式，一种是沿袭以往的衣式，小溜肩，前面平直呈三角形，与裙相连。另一种则明显不同，衣下摆有逐步加长的趋势，有时可达膝部，成为一种长外套。女式绣花短上衣成为时髦的服装，之后又出现了品种齐全的滚边和皮边夹克上衣。衣袖此时也有明显的特点：袖子肩部紧小，袖子下端膨大，形成锥状的宝塔形，使服装整体均衡协调又富于变化。袖子也有较短的袖型、一般长至肘部，可露出里面的衬衣袖。此时还出现一种裸臂的短袖型，甚至取消袖子，以披肩代替短袖，形成优美的装饰效果。衣领在这个时期有多种流行样式，有高领、低领、袒领、翻领，无论哪种领式，领口处都有饰边滚花或抽褶装饰或绣上纹样、垂着流苏等（图3-7-22）。

图3-7-22　新洛可可时期的女装1[①]

---

①　李当岐：《17—20世纪欧洲时装版画》，黑龙江美术出版社2000年版，第103页。

图 3 - 7 - 23　新洛可可时期的女装 2①

新洛可可时期出现了新型裙撑克里诺林，裙撑的使用大大扩展了裙子的膨起程度、比起过去多层衬垫、粗布浆和浆过的平布衬裙，新裙撑有诸多优点，极大地方便了妇女的生活。裙撑有上尖下大的"A"形和上部宽于下部、自然下垂的钟形。裙摆拖地，后来裙摆逐渐加长，最长时可拖后数米，加上硕大的裙围，使贵族女子的行走比浪漫主义时期更加困难。由于女性追逐宫廷风潮，裙子上的刺绣纹样、边饰、花朵、蝴蝶结等装饰明显增多，其中最具特色的是劈褶装饰。此外，裙子本身的面料质感和花色选择也十分讲究，面料常按照局部印染法印染或纺织，可供选择的面料很多，如复杂的平纹织物、凸纹织物、条纹织物、上等细布、方格花布、法兰绒、锦缎等。19世纪 60 年代，由于人们兴趣的转变以及裙子过分硕大的弊端，裙身膨起的形状急剧缩小。到 60 年代后期，撑起的圆形裙子转变为前面平直后面上翘下拖的式样，裙了的重点移向身后，表现出强调臀部曲线的特征（图 3 - 7 - 23、图 3 - 7 - 24）。

---

①　李当岐：《17—20 世纪欧洲时装版画》，黑龙江美术出版社 2000 年版，第 104 页。

图 3 - 7 - 24 　裙撑克里诺林①

四　巴斯尔时期的流行服装

19 世纪后期，正当法国高级时装店和英国工艺美术运动蓬勃发展的时候，一场战争爆发了。1870—1871 年法国与普鲁士王国之间的普法战争，改变了欧洲政治军事格局，战争中法国挫败，综合国力削弱，国际地位下降，接踵而来的巴黎公社起义又使统治阶级受到了沉重打击。资源贫乏和政局动荡使法国的服装业进入了一个混乱时期。沃斯的时装店一度关闭，流行时装也不再体现协调的搭配，服装用色杂乱。也许是出于粉饰太平的心理需要，一种基于传统裙撑造型的巴斯尔裙出现并迅速流行起来。

巴斯尔是为了臀部隆起而使用的臀垫，臀垫早在 17 世纪末就已出现，但历来有不同的名称和造型。17 世纪末流行的臀垫叫巴黎臀垫，是用马毛做的，呈半月形状。18 世纪末流行的臀垫叫托尔纽尔。19 世纪 30 年代以后开始使用"巴斯尔"这一叫法。由于 19 世纪70—90 年代才是巴斯尔盛行时期，所以习惯上称这个时期为服装史

---

① 　郑巨欣：《染织与服装设计》，上海书画出版社 2000 年版，第 193 页。

的"巴斯尔时期"。巴斯尔时期是裙撑时代到高级手工时装时代之间特别是向现代 S 形女装造型发展的过渡时期（图 3 - 7 - 25）。

图 3 - 7 - 25　巴斯尔时期的女装①

1. 女装

巴斯尔式样也称后裙撑式，它是以撑起女子身体的后臀而改变女子形态的一种服装表现手法。19 世纪的巴斯尔是一种附加在身体后臀及以下部位的非强制性的衬裙式裙撑。一些巴斯尔出于功能性的考虑，在结构上采用马尾衬料等制成有弹性的叠层褶，或利用松紧带连接细铁丝制成弹簧状，甚至直接用细铁丝编成既有弹性又有柔韧性的网状裙撑，使裙撑的设计趋于科学化（图 3 - 7 - 26）。还有一些巴斯尔是将裙撑直接缝接在内衬裙上并与上身连在一起，整体造型为裙子腰线较高，腰线以上紧身，腰线以下裙子逐渐展宽，不系腰带。巴斯尔式样的重要特征是臀部的装饰，为了强调翘起的臀部，人们在裙子上装饰了蝴蝶结、花边褶，这些装饰品也被称为巴斯尔。另外，巴斯

---

① 李当岐：《17—20 世纪欧洲时装版画》，黑龙江美术出版社 2000 年版，第 131 页。

尔还带有夸张的拖裾，拖裾在巴斯尔式样上表现得十分普遍，它从裙摆上展伸出来，长的可达 2 米左右（图 3 - 7 - 27）。巴斯尔时期，女性内衣与内裤、长裙和优质棉布无袖衬衫等，都饰有透薄的花边，绣有精巧的纹样。在家穿的轻便晨衣和袍服多用平纹棉质塔夫绸制作，也以花边装饰。冬天用于御寒的外衣大都用厚丝绸精制而成，镶以丝带或流苏花边。

图 3 - 7 - 26　巴斯尔①

图 3 - 7 - 27　带拖裾的巴斯尔②

2. 男装

19 世纪 70 年代男装流行的中心在英国，服装款式基本上还是以延续 30 年代以来的绅士服为主，但流行的西装背心面料一般选用华丽的织锦制作，取代了原来曾流行一时的需要刺绣装饰的棉布背心。男装不断变化的是衬衫领，衬衫领自 19 世纪 30 年代便一直与领巾配套使用。40 年代，男子衬衫的领尖流行翻翘在领巾上面；50 年代，成为真正的下翻领；60 年代，出现了可分离的浆过的亚麻布袖口和

---

① 阎维远：《西方服装图史》，河北美术出版社 2005 年版，第 69 页。

② 张辛可：《服装概论》，河北美术出版社 2005 年版，第 46 页。

领子；70 年代，流行的是纸质的高圆领，这种高圆领用过一次就丢掉。到 80 年代，欧洲男装仍以英国为中心流行起了源于苏格兰北部地区的一种附带披风的外套。这种服装款式的领口服帖，造型从肩往下展宽，大多采用格子布料制作。同时，由于当时的铁路使人们可以容易地去乡村、海滨或有山泉的地方度假，因此，出现了功能性的乡村服、运动服、猎装等。80 年代最流行的是一种羊毛粗花呢的诺福克夹克，这种夹克通常为齐臀长度，单排扣，有腰带，大补丁口袋，前、后身由肩至衣摆打有箱形褶。与诺福克夹克配套的下装是灯笼裤。19 世纪后期，欧洲男装中亚麻条纹布和方格布制成的浅色衬衣和便装一起使用是非常时髦的式样。便装也叫散步外套，实际上是一种无燕尾的礼服，通常用于非正式的公共场合穿着，无特定形式（图 3－7－28）。另外，欧洲人冬天习惯穿毛绒和灯芯绒马裤，秋天则流行穿用英国生产的防水布制作的服装。1880 年，男式女西装开始流行，这种女西服套装成了 20 世纪男女无性别差异服装流行的一个重要开端。

图 3－7－28 巴斯尔时期的男装①

---

① 李当岐：《西洋服装史》，高等教育出版社 2005 年版，第 277 页。

五　S形时期的流行服装

19世纪最后的10年到20世纪的头10年，艺术领域出现了新的思潮，即新艺术运动。其特点是否定传统的造型样式，采用流畅的曲线造型，突出线性装饰风格。主题以动植物为主，如蛇、花蕾、藤蔓等具有波状形体的自然物，加上创造性的想象。用非对称的连续曲线流畅地描绘出精细的图纹。新艺术运动在欧洲大陆蔓延开来，到1900年巴黎的万国博览会上达到顶峰。服装受新艺术运动思潮的影响，体现曲线美的女装最受欢迎，女性侧影的S形造型成为服装时尚的典型，故称这一时期为S形时期。

前一时期的巴斯尔过于累赘，正式退出流行舞台，裙子向简洁的形式发展并强调结构的功能化。女子上身用紧身胸衣把胸部托起，腰部勒细，背部沿脊背自然下垂至臀部外扩，划出优美的曲线。裙摆扩大，形若喇叭，扩大裙摆的方法是用几块三角布纵向夹在布中间，这种裙子称为戈阿·斯卡特，意为拼接裙。连衣裙的袖子为羊腿袖，称为基哥—斯里布，这一袖形曾在文艺复兴时代和浪漫主义时期流行过，这一时期再次出现，但有了新的发展，袖上段呈灯笼状或泡泡状，从肘部开始收紧，形成强烈对比。女服分日装和晚礼服，日装要戴大帽子，上有鸵鸟羽毛、玫瑰花球等饰物，衣裙垂地，并形成拖裙，高领、长袖和长手套，显得端庄而秀丽。晚礼服则用低领短袖表现妩媚与性感。女子运动服也发展颇快，骑马长裙被短裙取代，并配穿男式皮靴。各项运动的专业服装也出现了，如网球、高尔夫球、自行车等户外运动都有配套的运动服，但其造型仍和S形女装相似，还不能成为真正意义上的职业运动服，只是相对简洁些。20世纪初，由于衣服造型变得朴素，所以发型和帽饰显得格外重要，夸张的发结和帽子十分流行。几年后，大型发髻消失，从头到颈形成直线形，头发烫卷，发型变小，预示着现代型短发时代的到来（图3－7－29）。[1]

---

[1]　冯泽民、刘海清：《中西服装发展史》，中国纺织出版社2008年版，第281页。

图 3 - 7 - 29 　 S 形时期的女装①

第二节　近代服装的审美特征及成因

　　欧洲近代服装的特点主要表现为：男性服装注重合理性和机能性，女性服装则是按照顺序周期性地重现过去的样式，被称为"样式模仿的世纪"②。社会发生巨大变化的时代是"男性的时代"，男性服装往往在这种时期发生变化，产生独特的样式：这些情况已经在古罗马、文艺复兴、17 世纪得以验证。19 世纪依然是男性服装大变样的时期，不过其变化没有预料中那么剧烈。由 18 世纪为女性服务的贵族沙龙发展到资产阶级十分活跃的近代工业社会，男性的生活环境发生了变化。此时，尽管在经济上出现了贫富差别，但与基本人权相关的身份制度已经开始动摇，这是男性服装变化的起因。在此情况下，

---

① 李当岐：《17—20 世纪欧洲时装版画》，黑龙江美术出版社 2000 年版，第 157 页。
② 冯泽民：《中西服装发展史》，中国纺织出版社 2015 年版，第 223 页。

原先那种作为权威象征的服装，对男性来说已经没有穿着的必要了，男士开始寻求一种合理的、功能性服装。因此，19世纪中叶之后，男子的服装没有多大变化。与男性服装相反，女性则根据世态的变化逐一对古希腊、16世纪西班牙、洛可可、后裙撑等服装样式进行了再现，形成了一个"样式模仿的世纪"。

近代欧洲，在政治经济上占据主导地位的新兴资产阶级一方面突破宗教神学的束缚，跨越禁欲主义的泥潭，勇敢而直率地享受世俗的快乐，另一方面重塑自己的审美观和道德标准，女性被看成男人的玩偶和私有财产加以模式化。有钱的上层绅士们追求崇拜完美悠闲的女性，一旦结婚，妻子便不能单独出门，不能打听外面的事，更不能做体力活，她们有一个美妙的头衔——"家庭天使"。中等地位的女性若想挤入上层社会，必须具备三个条件：不工作，孱弱美，且绝对依附丈夫。怎样从外表上树立这种形象呢？服饰的华贵和长大笨重可表明丈夫的富有和妻子与体力劳动无缘。妻子的服装相当于一个陈列橱窗，通过它可以反映出丈夫的权威与财富。妻子服饰的不灵活、不实用，可塑造女性的孱弱美和对丈夫的依赖性。女性服装的拘束性大，以裙装为主，这个时期，上层社会的道德标准和审美情趣就是全社会的准则，因而，社会也严格地要求广大中、下层妇女仿效上层妇女，穿着又长又大的裙装，两者间的质料当然天壤之别。女性服装的限制与其受压迫的社会地位是一致的。整个19世纪，欧洲妇女在政治上无选举权和参政权、经济上无自主权、生活上无独立性，这一社会背景直接影响了19世纪服饰的审美。

第八章

现代服饰艺术

第一节　第一次世界大战对服装流行的影响

　　第一次世界大战爆发于 1914 年 6 月，结束于 1918 年 11 月，历时四年多，是一场主要战场在欧洲但是波及全世界的战争。这场战争是欧洲历史上破坏性最强的战争之一，欧洲是主战场，所遭受的战争创伤最为严重。战后几乎所有的欧洲国家都已经破产或濒临破产。这次战争对于世界人民来说是巨大的损失，对于女装现代化却是绝对的促进力量。在第一次世界大战前，女人是不被看作"独立人"的，社会只将她们看作是家里漂亮的摆设，男人的附属品。直到"第一次世界大战"爆发，欧洲的壮年男子都被征去前线，后方只留下老幼妇残。于是女人被迫走出家庭，走上社会，外出工作，赚钱养家。经济基础决定上层建筑的真理亘古不变，女人通过依靠自己感受到了自身的价值，正视了自己独立生活的能力，因此第一次世界大战时女人的地位有了一定的提高。而女人的自信、独立对于女装的现代化进程起到了积极的推动作用。

　　奢华风格一去不复返。第一次世界大战使欧洲的上层社会发生了巨大的震动，许多战前富裕的家庭一夜之间家破人亡。原来基本稳定的欧洲高级时装市场风雨飘摇，严重萎缩，奢华风格一去不复返。战争使所有人贫穷，管你是稀有的羽毛、美丽的珍珠还是闪闪发亮的宝石，在战争期间没有什么比食物更加重要。富人没有心思去炫耀，把奢华风完全抛在脑后。军装元素流行。人们大多有英雄崇拜心理。当男人走上战场，女人不得已独立承担生活的重担时，大家都在为了一个胜利的梦想而默默承受着所有的痛苦。女人渴望战争的胜利，渴望着自己的丈夫、父亲、儿子尽快安全归来，因此对于军装就拥有了复杂的感情寄托：一方面为了尽快实现梦想而盲目地崇拜着国家的战争英雄，另一方面也是一种对亲人思念方式的表达。当时，很多后方的女人喜欢把军装或者带有军装元素的服装穿在身上，设计师及时看到了女人的这种心理需求，将大量军装元素引入时装设计。面料上开始流行斜纹卡其布和灯芯绒；款式逐渐变得合体，甚至连紧束袖口这一细节也因为属于作战服款式而在战争期间被引入高级时装而大肆流行。

　　长裤走上历史舞台。在女人穿长裤这一点上，欧洲与中国的看法不同。中国从一千多年前的宋代开始，劳动妇女就把长裤作为下装单独穿着，至明清时期这种现象更为普遍。所以，关于女人究竟是应该穿裙子还是裤子的问题在我国从来就没有成为什么大问题。但是女性穿裤子，在欧洲却曾经上升为道德问题。如果哪个女人敢于让丈夫以外的其他男人看到她大腿的肌肤，这位女性就会名声受损。因此直到一战以前，西方大概没有人敢于想象，女装长裤能走上时装舞台并在现代西方服饰史上占有重要地位。女装长裤的发展与普及是与女性解放的程度相辅相成的。从历史的角度看，女性越解放，女性的独立意识越强烈，长裤就越流行。20世纪初期，女性也有将长裤单独穿在外面的时候，不过那只是少数妇女的激进行为，目的多是为了参加体育运动。敢于穿着长裤在巴黎的大街上招摇过市的女人，都是个性非常张扬的。第一次世界大战给了西方女性一次被迫独立的机会，许多家庭妇女外出工作，为了活动方便，长裤自然融入了女性的日常生活。此时，不再有人责备这些女性，反而赞许她们的牺牲和为社会做出的贡献。但一战时期很少有人将长裤作为时装看待，因为此时的妇女穿着它主要是因为它卓越的功能性，而不是认为它美观。

　　在战争的影响下，黑色开始流行。主要原因有三方面：其一，黑色最耐脏。战争越打越残酷，人们在战争初期还讲究一些服装礼仪，可是随着男人走上战场的人数越来越多，随着物资的匮乏，许多在战前生活还算体面的人家，此时也为一日三餐发愁。女主人为了家里的生计不得已辞退帮佣甚至自己也要外出工作，上敬老下养小，工作家务一把抓。这样辛劳活命的女子每天能够做到让自己不蓬头垢面就已经不易，洗衣服的时间当然是越少越好，于是深色的、耐脏的服装更受宠爱，黑色就是其中的代表。其二，黑色是葬礼的色彩。在战争中去世的人多达1600多万，几乎每天都在举行葬礼，一开始人们还专门在下班后换上丧服去认真地出席，后来随着死去的人越来越多，活着的人也开始麻木，葬礼随之变得简单。既然黑色是葬礼的专用色彩，人们索性穿黑色服装上班，下班后不需换装就可以直接去参加葬礼。可怜的人们此时已经习惯苦难和悲伤：死去的人已经去了，活着的人更要珍惜自己。其三，黑色符合时代的气氛。战争使物资越来越少，日子越来越困难，后方的人虽然在活着，却不是在生活。她们在挣扎，活得很绝望，不知道何时才能盼来曙光。拥有这样心情的女人充斥着城市和乡村，黑色才是符合她们心情的色彩。①

第二节 20世纪20年代的流行服装

进入20世纪20年代，西方女装的现代形态得到了真正确立，并开始绚丽多姿、蓬勃发展的进程，同时也迎来了巴黎高级时装20世纪的第一次兴盛。受工业革命的影响，这个时期出现的以"现代主义"为特质的设计运动也反映在服装上。20世纪20年代，人们的生活环境发生了巨大变化，生活节奏加快，社会更加民主化，道德标准也逐渐放宽。与此同时，以美国为首又一次掀起了世界范围的女权运动，女性在政治上获得了与男性同等的参政权，在经济上则因有了自己的工作而独立，女性生活状态出现巨大变化，许多妇女涌入就业市场，男女同权的思想在20年代被强化。女性角色和地位的改变造成

---

① 张晨：《时装的觉醒 西方现代服饰史》，中国轻工业出版社2010年版，第21—23页。

了西方女性服饰的变革，强调功能性成为女装款式发展的重点，出现了否定女性特征的独特样式，职业女装应运而生。

这时的服装样式简洁而轻柔，没有花边或其他累赘的细节。裙子变得越来越短，直到完全露出膝盖。衣服和裙子是直线裁剪，忽略了腰部、臀部和胸部的曲线。它们松松垮垮地挂在身上，好像是没穿束胸一样，其实此时的妇女已穿上了现代材料做的胸衣。20年代的时尚是女子胸部越平越好，像男孩一样。新女性把头发剪成短发，在公共场合抽烟，表现出男性化自信的同时也不乏女性的优雅。1920—1929年的10年是西方女装发展的重要时期，现代形态不仅得到了确立，其设计理念也对整个20世纪的服装设计产生重要影响，其重要意义之一是女装中性化概念的提出。许多世纪以来，女装的重点是突出女性特征，而在这个时期，女装设计出现了男性化倾向，与传统有较大的差距，而这正是设计师的创意理念。她们首先提出男性对于妇女的性的欣赏立场不应该作为女装设计的中心，女性自己的舒适感受才应该是主要依据。这样，时装设计走上了一个更高的阶段，第一次从妇女自身而不是从男性的角度来设计服装，这在时装发展史中具有重要意义。

男孩风貌是一种平胸、松腰、束臀的男性化外观。乳房被有意压平，纤腰被放松，腰线的位置被下移到臀围线附近；丰满的臀部被束紧、变得细瘦小巧；头发被剪短，与男子差不多，整个外形呈长管子状，故也称管状式外观。为了塑造管状外观，20世纪20年代的设计师设计了用弹性橡胶布制成的直筒形紧身内衣、直筒形背心裙等服装款式，其领围、袖窿较宽大，又不系腰带，结构特征与当时的童装相仿，再加上与服装配套的也是儿童式的短发、短袜，具有管状外观的女子形象很像未充分发育的瘦高个少年，所以这种装束也被称为男孩风貌。这种款式在20年代初期是一种交际花的形象，20年中期演变成剪短发，戴钟形帽（后来改戴贝雷帽），穿女衬衫、短裙及膝高筒袜和高跟鞋的形象，是迷茫的年轻一代的典型装饰（图3-8-1）。20年代的女性希望胸部显得越平越好，腰线越来越往下移，人们希望有男孩子似的外表。也有一些成年女性的管状外观并不具有男生式特征，而是突出一种瘦高个的端庄感。特别是英国和美国女性，她们为追求男性化外观而千方百计地使胸部平坦，甚至通过节食减肥和穿高鞋而塑造瘦高个形象。同时，一些时装杂志上的设计效果图也开始迎合时尚，刊登出小头长身躯的时装人物画，其比例比普通女性瘦两倍，现在时装模特儿的选美标准即是源于这个年代。

图3-8-1　20世纪20年代流行的女性男孩风貌①

小黑衫是夏奈尔在这个时期推出的最具影响力的款式，发表于1926年，当时美国的《时尚》杂志刊登了这件作品，并且称之为"时装界的福特"。福特T型汽车当时是全世界销售第一的名车，可见美国人对小黑衫的评价之高。这种小黑衫又称小黑裙，是一种无领无袖的连衣裙，整体轮廓为长条直线形，呈现出纯粹、利落、帅气、潇洒的风格。最著名的"小黑衫"的穿着者要算奥德丽·赫本，她在电影《蒂凡尼的早餐》中穿一件精致的"小黑衫"，风流俊俏，颇具倾城之美。

---

①　缪爱莉、邝璐：《中西历代服饰图典：从先秦至现代、从古埃及至20世纪服饰的演变》，广东科技出版社2000年版，第130页。

男装在第一次世界大战前后的变化很大，战争中一些功能性较强的实用服装，如马裤和绑腿，在战后日常男装中继续使用。军用雨衣、披风对后世的影响也很大。20世纪20年代时髦男子最特殊的款式要算牛津裤，它源于英国。1925年盛行一时，裤型宽大。牛津裤是牛津大学的学生兰伯特设计的，以顺应20世纪初取消女子紧身胸衣和裙撑的服装改革运动。当时牛津大学学生不顾校方反对，放弃校服穿起了这种形似布袋的裤子，因此得名。此裤裤口翻卷，裤脚管宽约30厘米且呈袋子状，穿着便捷舒适。

第三节　1930—1946年的流行服装

尽管20世纪30年代初出现了世界经济危机，却为西方现代女装带来了极富魅力的典雅风格，成熟的优雅女性美成为日后女装不断流行的模式。这个时期流行的"装饰艺术"也成为服装设计的一种风格。第二次世界大战给服装的发展造成了巨大的冲击，女装完全变成了一种非常实用的男性味很强的装束，而男装仍以套装、制服为主，外形则以方正挺拔为理想。

1929年10月发生在华尔街的金融崩溃预示着经济大萧条的开始，失业、贫穷和饥饿的状况越来越严重，社会骚乱接连不断。在这样的历史背景下，女装设计明显地反映出经济危机带来的影响，表现出阴郁、沉闷和怀旧的审美倾向。女装形式的变革在20年代末就开始了，外形轮廓加长，变得更加柔和、优雅，一种更自然、更传统的女性化风格出现。这种风格使女性显得更加苗条，上衣和袖子都更紧，腰线不再被强调，又逐渐回到它"自然"的位置，并用一根细腰带系紧，裙摆也下移到脚踝处，具有下垂感的裙子和高高的腰线，使腿显得特别修长。整体外形以"流线型"取代了以前的"直线型"，以"成熟、妩媚"取代了20年代的"年轻、帅气"。30年代，服装中广泛应用松紧带及针织面料、拉链等，当时年轻女子都希望保持身材苗条，穿衣服也要求显出活泼健康的样子，这种审美倾向与弹性材料的流行刚好吻合。针织类服装面料具有柔软、流动感和下垂感，能较好地体现出 30 年代服装典雅、美观、大方的形态特点，这对后来的服装设计影响深远（图 3 - 8 - 2）。

图 3 - 8 - 2　20 世纪 30 年代的女装①

1939 年 9 月，第二次世界大战全面爆发，历时六年的战争给欧、亚、非三大洲的人民带来严重灾难。战争期间，妇女们无暇顾及衣着打扮，服装仅以实用、方便、耐穿为主。普遍穿着的是"工作服"与"制服"。第二次世界大战期间，物资匮乏，衣料是定量供应，因此服装样式变得更短更紧。早在 1938 年，像是预感到战争的来临似的，裙子开始短缩，仅遮住膝盖，而且裁剪得比较窄，只加了一个褶裥以便于运动。这一时期，女装开始强调和夸张肩部，向后来的军服式过渡。垫肩和紧绷的腰带的使用，使衣服的造型显得非常男性化，肩章、硬领、翻领加强了这种男性感觉（图 3 - 8 - 3）。②

① 李当岐：《西洋服装史》，高等教育出版社 2005 年版，第 321 页。
② 冯泽民、刘海清：《中西服装发展史》，中国纺织出版社 2008 年版，第 309 页。

图3-8-3　军服式女装①

20世纪30年代男士依旧以挺拔、阳刚为理想形象。男装仍以西装、礼服为主，表现厚重、挺拔的特质。这个时期的男子特别讲究服饰的整洁和穿着的标准得体，特别是在英国，男子穿着打扮有严格的规则。美国人则试图在男装设计方面创造出一种美国式样，从款式上看，比英式男装显得更休闲一些。30年代后期，人们追求衣冠楚楚的绅士风度，脸刮得干干净净，不留胡须，头发剪得很短，衣服很整洁，露出洁白的袖口，加上礼帽、领带，成为欧美男子崇尚的一种装束（图3-8-4）。战后一些军便装也变得非常流行，如艾森豪威尔夹克，因美国将军艾森豪威尔穿用而得名。此外，空军飞行员也是受崇拜的美男子形象，他们身穿飞行夹克，围着丝绸围巾，足登飞行靴的装束也成为当时的一种时尚。②

①　江平、石春鸿：《服装简史》，中国纺织出版社2002年版，第120页。
②　冯泽民、刘海清：《中西服装发展史》，中国纺织出版社2008年版，第312页。

图 3 - 8 - 4　20 世纪 40 年代的男装①

第四节　迪奥尔时代的流行服装

第二次世界大战后，形成了以苏、美两个大国为代表的僵持了 40 年之久的冷战局面，东西方之间的交流从此中断，国际形势十分紧张，面对这样的局面，已经饱受战争摧残的人们渴望和平。在这种情况下，克里斯羌·迪奥尔（Christian Dior）以敏锐的感觉抓住时代变革的契机和人们的心愿，适时地推出了崭新的服装造型，来满足人们的需求。

1947 年 2 月 12 日，刚刚创立的迪奥尔时装店首届作品发布会如期举行，迪奥尔的作品使人们眼前一亮：圆润平缓的自然肩线，用乳罩整理得高挺的丰胸连接着束细的纤腰，用衬裙撑起来的宽摆大长裙长过小腿肚子，离地 20 厘米，脚上是细跟高跟鞋，整个外形十分优雅，女性味十足。迪奥尔的作品被称作"新样式"（New Look）（图 3 - 8 - 5），他一举成名，巴黎的高级时装业也借机重新树立威信，迎来了 20 世纪 50 年代支配世界流行的第二次鼎盛期。迪奥尔以

---

① 李当岐：《西洋服装史》，高等教育出版社 2005 年版，第 323 页。

"新样式"在首届发布会上向世界宣布："像战争中的女军服一样的加垫肩的男性外形时代结束了。"他称新样式为"卡罗拉·拉印"（花冠形），因其外形酷似 8 字，故也称 8 字形。其实，这种新样式是一种复古形的样式，是自 16 世纪以来西欧女服中反复出现的强调胸腰臀三位一体的女性曲线美的基本样式的现代版本。

图 3 - 8 - 5　迪奥尔的新样式[①]

　　从 20 世纪 40 年代末到 50 年代初，新样式这种强调腰身的女性味造型一直十分流行。1948 年春，迪奥尔发表了 Z 字形样式，这是在新样式 8 字形的基础上进行设计的变化款。1948 年秋，迪奥尔又推出翼形（wing line）样式，仍是以 8 字形为基础，以不对称的领口装饰和裙腰部分的腰带来强调翼形，或以翘起的下摆突出翼形感觉。8 字形那外张的长裙到 1948 年达到顶点，流行开始朝着相反的方向回归。1949 年春推出托龙普·鲁依幼（trornpe Loeil）样式（逼真画，意即外观与实

---

　　① 李当岐：《西洋服装史》，高等教育出版社 2005 年版，第 328 页。

际是两回事，用假象来追求逼真的外观效果）。1950 年春，裙子外形彻底发生变化，直线外形出现。迪奥尔称自己的作品为巴蒂卡尔·拉印（垂直线形）。1951 年春，迪奥尔又推出奥巴尔·拉印（椭圆形），腰身放松，设计的重点在袖子上。1953 年春，迪奥尔发表了丘利普·拉印（郁金香形）。1953 年秋，迪奥尔推出了爱菲尔塔·拉印和克波尔·拉印（圆屋顶形），前者是夜礼服，后者是郁金香形的大衣。1954 年秋，迪奥尔推出了不束腰、不突出胸和臀的直线外形——H 形。1955 年推出 A 形和 Y 形，1956 年推出箭形和磁石形，1957 年发表了自由形和纺锤形。迪奥尔一直在追求服装外形的变化，每个季节都以别出心裁的独特外形吸引着全世界的时髦女性，支配着高级时装界，赢得了"流行之神""时装之王""时装界的独裁者"等美誉。由于迪奥尔一生都在追求服装外形的变化，因此把迪奥尔时代称作"形的时代"，又因他常使用罗马字母为其外形命名，故也称为"字母形时代"①。

第五节　20 世纪 60 年代以来的流行服装

20 世纪 60 年代是一个"反叛"的年代。这一时期，十几岁的青少年人口猛增，"年轻风暴"席卷全球。避世运动、嬉皮士运动以及大学校园里学生反传统反体制运动愈演愈烈。他们所穿的独特服饰给时尚和服饰潮流带来很大的影响。由于年轻消费层的崛起，社会的动荡，以否定传统为特色的反体制思潮的蔓延和发展以及新的价值观的形成，彻底改变了 20 世纪时装流行的方向。传统服饰禁忌受到挑战，以往"自上而下"的服装流行方向和模式发生改变。牛仔裤、迷你裙、喇叭裤、工作服以及年轻人的街头服饰风靡西方各国。这一时期，还出现了不分性别的服装，这种服装男女皆可穿着。成衣工业迅速发展，使人们的服饰朝着更加多元化方向迈进。

20 世纪 70 年代，东西方服饰文化进一步融合，高级时装一统天下的时代宣告结束，时装朝着更加民主化、大众化、多样化、国际化的方向发展。1973 年第四次中东战争爆发，一方面，石油价格急剧

---

① 黄能馥、李当岐：《中外服装史》，湖北美术出版社 2002 年版，第 160—161 页。

上升，人们憧憬高消费的价值观被大大地动摇和改变了。为降低成本，时装界广泛采用直线裁剪手段；另一方面，高级时装店中，阿拉伯顾客逐渐增加，女装中出现了许多来自东方异国情调的宽松样式。这一时期在年轻人中出现了"朋克式"，1975 年，伦敦"The Sex Pistols"四人摇滚乐队那节奏激烈、疯狂的演奏风格吸引了当时的年轻人，清一色的黑色夹克上随心所欲地装饰着闪闪发光的别针、铆钉、拉链和刮脸刀片，留着刺猬一样的短发，他们成为年轻人效仿的对象。伦敦前卫派设计师维维恩·韦斯特伍德被称为"朋克时装"的女王。"朋克时装"成为一种年轻的文化形态在国际上流行。

20 世纪 80 年代，回归自然、保护环境的呼声日益高涨，生态环境问题成为国际会议中非常重要的议题，这一切敏感地反映在时装设计中。这一主题的表现有两种方式：其一是"保持大自然原味"的返璞归真倾向，如自然色（海滩色、泥土色、森林色、天空色、冰川色、麦田色、稻草色，以及非洲原始民族的自然色彩都是非常受欢迎的流行色），无束缚感、舒适自然的造型，民间的、田园式的远离现代工业社会的乡土味、古典风重新成为时髦；其二是伴随着生态保护意识同时出现的是人类对资源的珍视，一种新的节俭意识兴起，从旧物的再利用到故意作旧处理，从暴露衣服的内部结构到有意撕裂，做出破洞，"贫穷主义"成为一种新的前卫派设计的象征和时髦。被称为"朋克时装女王"的韦斯特伍德发表了对 slash（开缝装饰或剪口装饰）再利用的时装，具有震撼效果。从 1983 年到 1988 年，整个流行仍趋于多样化，传统型与前卫型同时并存。一方面，富裕的生活带来的大量消费，使许多人重新认识传统，崇拜名牌，兴起一股名牌热潮；另一方面，与名牌热相反，许多年轻消费者重视自我意识、自我表现，只凭直觉和喜好来装扮自己，着装打扮非常前卫、大胆。80 年代的女装还倾向 T 型化（加宽肩部）和男性化。

20 世纪 90 年代以来，欧美经济一直处于不景气状态，能源危机进一步增强了人们的环境意识，"重新认识自我""保护人类的生存环境""资源的回收和再利用"成为人们的共识。回归自然，返归真，成为 90 年代最主要的服装流行倾向。人们从大自然的色彩和素材出发，表现人类与自然的依存关系，各种自然色和未经人为加工的本色原棉、原麻、生丝等粗糙织物，成为维护生态的最佳素材，代表未受污染的南半球热带丛林图案和强调地域性文化的北非、印加土著、东南亚半岛的民族图案以及各种植物纹样的印花织物，树皮纹路的交织色彩效果，表面起棱略具粗糙感的布料等都是 90 年代素材的新宠；在衣服造型上，人们又一次摒弃传统的构筑式服装对人体的束缚感受，追求自然形无拘无束的舒适性，不矫揉造作、不加垫肩的自然肩线流行，崇尚原始民族服饰中那些自然随意的造型特点和民间的、乡村的、田园式的富有诗意的美感。各种不拘礼节的、舒适随意的休闲装、便装在人们日常生活中普及。薄、透、露现象，内衣外化和无内衣现象愈演愈烈，蕾丝等各种网状织物和透明的、半透明的织物大为走俏，这一方面是一种性感的表现，另一方面也是对人体自然美的追求。

20 世纪 90 年代是一个"素材的年代"，人们不仅注重节约资源，有一种衣着简化意识，而且在新素材的开发方面取得了许多突破性进展，山本耀司发表的"木板套装"，三宅一生的"纸装"，帕克·拉邦奴向"金属衣"的进军等，都是对新素材开发的一种暗示。在这种意识指导下，目前国际上新素材不断涌现，彩色生态棉、生态羊毛、再生玻璃、碳纤织物以及黄麻、龙舌兰、凤梨等植物纤维都被用来作衣料，连平时不为人注意的蒲公英也被派上用场，取代羽绒作填充物。与此相应地，无污染的马铃薯粉表面加工处理新技术和尽量避免染色时使用化学药剂的水染法、有机染色法也应运而生。表现现代高新技术的未来派，以现代高科技为背景，以各种新的合成纤维高弹力织物为素材，表现出尖端技术感的图解性的未来印象。此外，丰富多彩的民族服饰仍是时装设计师重要的灵感来源。

参考文献

1. 黄能馥、陈娟娟：《中华服饰艺术源流》，高等教育出版社1994年版。

2. 黄能馥、陈娟娟：《中国服装史》，中国旅游出版社2001年版。

3. 沈从文、王㐨：《中国服饰史》，陕西师范大学出版社2004年版。

4. 孙机：《中国古舆服论丛》，文物出版社1993年版。

5. 周锡保：《中国古代服饰史》，中国戏剧出版社2002年版。

6. 周讯、高春明：《中国古代服饰大观》，重庆出版社1994年版。

7. 袁杰英：《中国历代服饰史》，高等教育出版社1994年版。

8. 华梅：《中国服装史》，天津人民美术出版社2006年版。

9. 袁仄：《中国服装史》，中国纺织出版社2006年版。

10. 上海市戏曲学校中国服装史研究组：《中国服饰五千年》，学林出版社1984年版。

11. 上海市戏曲学校中国服装史研究组：《中国历代服饰》，学林出版社1984年版。

12. 孙世圃：《中国服饰史教程》，中国纺织出版社1999年版。

13. 黄士龙：《中国服饰史略》，上海文化出版社1994年版。

14. 安毓英、金庚荣：《中国现代服装史》，轻工业出版社1999年版。

15. 陈茂同：《中国历代衣冠服饰制》，新华出版社1993年版。

16. 赵超：《霓裳羽衣：古代服饰文化》，江苏古籍出版社2002年版。

17. 赵连赏：《服饰史话》，中国大百科全书出版社2000年版。

18. 赵连赏：《中国古代服饰图典》，云南人民出版社2007年版。

19. 百龄出版社编：《中国历代服饰大观》，百龄出版社 1984 年版。

20. 蔡子谔：《中国服饰美学史》，河北美术出版社 2001 年版。

21. 冯泽民、齐志家：《服装发展史教程》，中国纺织出版社 2004 年版。

22. 刘元风：《时间与空间：我们离世界服装品牌还有多远》，中国纺织出版社 2008 年版。

23. 齐心：《图说北京史》，北京燕山出版社 1999 年版。

24. 高格：《细说中国服饰》，光明日报出版社 2005 年版。

25. 王子云：《中国古代雕塑百图》，上海人民美术出版社 1981 年版。

26. 史岩：《中国雕塑史图录》，上海人民美术出版社 1983 年版。

27. 施昌东：《汉代美学思想述评》，中华书局 1981 年版。

28. 朱凤瀚：《文物鉴定指南》，陕西人民出版社 1995 年版。

29. 周卫明：《中国历代绘画图谱·人物鞍马》，上海人民美术出版社 1996 年版。

30. 叶立诚：《服饰美学》，中国纺织出版社 2001 年版。

31. 宋振兴：《陕西陶俑精华》，陕西人民美术出版社 1987 年版。

32. 陈彬：《国际服装设计作品鉴赏》，东华大学出版社 2008 年版。

33. 冯泽民、赵静：《倾听大师：世界 100 位时装设计师语录》，化学工业出版社 2008 年版。

34. 王青煜：《辽代服饰》，宁画报出版社 2002 年版。

35. 尚刚：《元代工艺美术史》，辽宁教育出版社 1999 年版。

36. 余强：《服装设计概论》，西南师范大学出版社 2002 年版。

37. 王霄兵：《服饰与文化》，中国商业出版社 1992 年版。

38. 张末元：《汉代服饰参考资料》，人民美术出版社 1960 年版。

39. 王云英：《清代满族服饰》，辽宁民族出版社 1985 年版。

40. 詹子庆：《夏史和夏代文明》，上海科学技术文献出版社 2007 年版。

41. 陈东生、甘应进：《新编中外服装史》，中国轻工业出版社 2002 年版。

42. 张竞琼：《现代中外服装史纲》，中国纺织大学出版社 1998

年版。

43．杨阳：《中国少数民族服饰赏析》，高等教育出版社1994年版。

44．段梅：《东方霓裳：解读中国少数民族服饰》，民族出版社2004年版。

45．蒋志伊：《贵州少数民族服饰资料（苗族部分)》，贵州人民出版社1980年版。

46．要彬、曹寒娟：《服饰与时尚》，中国时代经济出版社2010年版。

47．邓启耀：《中国西部少数民族服饰》，四川教育出版社1993年版。

48．徐静：《中国服饰史》，华东大学出版社2010年版。

49．石晶：《世界著名品牌常识》，吉林人民出版社2009年版。

50．王辅世：《中国民族服饰》，四川人民出版社1986年版。

51．蔡运章：《甲骨金文与古史新探》，中国社会科学出版社1996年版。

52．殷雪炎：《中国人物画典》，安徽美术出版社2002年版。

53．石吉勇：《服装导论》，化学工业出版社2007年版。

54．李当岐：《西洋服装史》，高等教育出版社2005年版。

55．郑巨欣：《世界服装史》，浙江摄影出版社2000年版。

56．袁仄：《外国服装史》，西南师范大学出版社2009年版。

57．江平、石春鸿：《服装简史》，中国纺织出版社2002年版。

58．陈莹：《服装设计师手册》，中国纺织出版社2008年版。

59．张健、袁园：《巴比伦文明》，北京出版社2008年版。

60．黄能馥、李当岐：《中外服装史》，湖北美术出版社2002年版。

61．张朝阳、郑军：《中外服饰史》，化学工业出版社2009年版。

62．石晶：《世界著名品牌常识》，吉林人民出版社2009年版。

63．赵春霞：《西洋服装设计简史》，山东科学技术出版社1995年版。

64．张乃仁、杨蔼琪：《外国服装艺术史》，人民美术出版社1992年版。

65．许海山：《古希腊简史》，中国言实出版社2006年版。

66．郑巨欣：《染织与服装设计》，上海书画出版社 2000 年版。

67．臧迎春：《中西方女装造型比较》，中国轻工业出版社 2001 年版。

68．吴卫刚：《服装美学》，中国纺织出版社 2000 年版。

69．〔英〕苏姗·麦基弗：《古罗马》，新蕾出版社 1998 年版。

70．张辛可：《服装概论》，河北美术出版社 2005 年版。

71．冯泽民、刘海清：《中西服装发展史》，中国纺织出版社 2008 年版。

72．华梅：《西方服装史》，中国纺织出版社 2003 年版。

73．曲渊：《世界服饰艺术大观》，中国文联出版公司 1989 年版。

74．布朗：《世界历代民族服饰》，四川民族出版社 1988 年版。

75．刘瑜：《中西服装史》，上海人民美术出版社 2007 年版。

76．刘芳：《中西服饰艺术史》，中南大学出版社 2008 年版。

77．孙世圃：《西洋服饰史教程》，中国纺织出版社 2000 年版。

78．李建群：《欧洲中世纪美术》，中国人民大学出版社 2010 年版。

79．阎维远：《西方服装图史》，河北美术出版社 2005 年版。

80．张辛可：《服装概论》，河北美术出版社 2005 年版。

81．李当岐：《17—20 世纪欧洲时装版画》，黑龙江美术出版社 2000 年版。

82．华梅、要彬：《西方服装史》，中国纺织出版社 2008 年版。

83．千村典生：《图解服装史》，中国纺织出版社 2002 年版。